UNTERSUCHUNGEN ÜBER BILDUNG UND ZERSETZUNG VON HUMUS IM STALLDÜNGER UND IM BODEN

INAUGURAL-DISSERTATION

ZUR

ERLANGUNG DER DOKTORWÜRDE

EINER

HOHEN PHILOSOPHISCHEN FAKULTÄT

DER

UNIVERSITÄT LEIPZIG

VORGELEGT VON

WALTER SAUERLANDT

AUS FLURSTEDT

Springer-Verlag Berlin Heidelberg GmbH 1929

Angenommen von der mathematisch-naturwissenschaftlichen Abteilung der Philosophischen Fakultät auf Grund der Gutachten der Herren Löhnis und Zade.

Leipzig, den 16. Mai 1929.

Lichtenstein
d. Z. Dekan
der mathematisch-naturwissenschaftlichen Abteilung
der Philosophischen Fakultät.

Erschienen im „Wissenschaftlichen Archiv für Landwirtschaft".
Abt. A, Pflanzenbau. Band 2, 1929.

ISBN 978-3-662-39080-1 ISBN 978-3-662-40061-6 (eBook)
DOI 10.1007/978-3-662-40061-6

Inhaltsangabe.

1. Einleitung.

Die organischen Bestandteile der land- und forstwirtschaftlich genützten Böden bezeichnet man in der Regel als deren „Humus" und sieht diesen als ein Konglomerat von organischen Verbindungen an, die entweder beim Abbau von pflanzlichen oder tierischen Stoffen in den Boden gelangt sind oder die hier durch sekundäre Umsetzungen entstanden sein können. Jedenfalls hat man es mit einer großen Zahl verschiedener Substanzen zu tun, deren Kenntnis — insbesondere für die Bodenbakteriologie — von hervorragender Bedeutung ist.

Während gegenwärtig auf dem Gebiete der Kohlenchemie eifrig über die Entstehung der Huminsäuren gearbeitet wird, schenkt man dem Bodenhumus trotz seiner überragenden Bedeutung leider wenig Aufmerksamkeit. Der Geldwert des in den deutschen Ackererden vorhandenen Humus beläuft sich bei mäßiger Schätzung auf 30 Milliarden Mark[46]. Von einigen Ausnahmen abgesehen, müssen wir heute noch feststellen, daß unsere Kenntnis vom Wesen der „Matière noire" in den letzten 70 Jahren nicht vertieft worden ist, wie dies *Löhnis*[47] schon vor fast 20 Jahren betont hat.

Vielleicht wird es nie möglich sein, alle Übergänge, welche die organischen Stoffe im Boden durchlaufen, exakt festzustellen. Die Gesamtmenge an Humus wird jetzt in der Regel durch eine Verbrennung quantitativ bestimmt, entweder mit Hilfe der Elementaranalyse oder durch die nasse Verbrennung mit Bichromat-Schwefelsäure nach der Methode von *Gehring*[22]. Früher und mitunter auch heute noch verwendete man hierzu die Glühverlustbestimmung, indem man die Gewichtsverminderung mit dem Humusgehalt in Verbindung setzte. Tatsächlich wird jedoch in diesem Falle neben der Verbrennung der organischen Substanz gleichzeitig Krystall- und Konstitutionswasser abgespalten.

Gegen diese Art der Humusbestimmung sprach sich *Mulder*[55] schon vor 65 Jahren in seiner „Chemie der Ackerkrume" folgendermaßen aus:

„Den organischen Bodenbestandteilen zusammen legt man so viel Wert bei, daß sie bei der Analyse mit dem Wasser als Glühverlust bestimmt werden. Armseliger kann nichts aufgefaßt werden, und ein Blick auf die Mannigfaltigkeit und Verschiedenheit der Substanzen und Wirkungen ist mehr als hinreichend, dies zu bestätigen."

Heute, nach einem glänzenden Aufschwung der Naturwissenschaften, insbesondere der Chemie, ist diese „armselige" Methode leider immer noch im Gebrauch.

Aber auch die Bestimmung des Gesamtkohlenstoffgehaltes gestattet naturgemäß keinen Rückschluß auf die wirkliche Beschaffenheit der im Humus enthaltenen Stoffe. Durch etwas eingehendere chemische Untersuchungen ist es möglich, den auf Cellulose, auf Pektin und auf Lignin entfallenden Anteil zu bestimmen, eventuell auch die flüchtigen Verbindungen durch eine Wasserdampfdestillation und die vorhandenen Eiweißzersetzungsprodukte durch Anwendung der van Slyke-Methode zu ermitteln. Indessen besagen auch die so erhaltenen Werte nicht allzuviel, und man hat sich deshalb zum Teil damit begnügen müssen, den ungleichen physiologischen Wert verschiedener Humusstoffe durch mikrobiologische Versuche festzustellen.

1. Die organischen Stickstoffverbindungen im Boden.

Die wichtigsten Arbeiten auf dem Gebiete der organischen Chemie des Bodens wurden im Laufe der letzten 20 Jahre von amerikanischen Forschern durchgeführt, vor allem von *Oswald Schreiner* und dessen Mitarbeitern im U. S. Department of Agriculture.

Lathrop[42] konnte schon im Jahre 1917 hierüber zusammenfassend berichten, daß ungefähr 50 organische Stoffe aus dem Boden isoliert worden seien; weiter stellte er fest, daß von 24 untersuchten Erdproben 18 histidinhaltig waren, dagegen nur 2 Arginin und nur eine Probe Lysin enthielt. Da nun aber Arginin in jedem bisher untersuchten Eiweiß gefunden worden ist (*Edlbacher*[10]), so folgt daraus, daß Arginin wie manche andere Aminosäure dem Angriff der Mikroben leichter zum Opfer fällt, als dies bei anderen Substanzen der Fall ist. Insbesondere scheint es sich bei diesen schwer angreifbaren Verbindungen um solche Eiweißbausteine zu handeln, die, wie Histidin, einen aromatischen Komplex im Molekül enthalten.

Nach *Lathrop*[42] sind folgende Stickstoffverbindungen in der Regel im Boden anzutreffen:

Histidin, Hypoxanthin, Cytosin, Xanthin, Nucleinsäure, Kreatinin und Cyanursäure. Seltener kommen Arginin, Lysin, Adenin, Cholin und Trimethylamin vor.

Außer auf diese Eiweißabbauprodukte entfällt auf das Eiweiß selbst ein großer Anteil am Bodenstickstoff, und zwar sowohl in Form von abgestorbenen Pflanzen und Tieren als auch in „lebender" Form, in den Bakterien, Pilzen, Amöben und anderen niederen Bodenbewohnern.

Löhnis[48] hat berechnet, daß auf der Fläche eines Hektars im großen Durchschnitt etwa 400 kg Bakterien und 600 kg Pilze, Algen und niedere Tiere vorhanden sind. Es entfällt also im allgemeinen ungefähr 1 Teil lebender Mikroorganismen auf 10000 Gewichtsteile Erde. Mitunter können aber in einem Gramm Erde 1 Milliarde Keime vorhanden sein[41]. In solchen Fällen ist dann das Verhältnis von Erde: Bakterien bedeutet enger (rund 1000:1). Da nun aber 1000 mg Erde im Durchschnitt 1 mg Stickstoff enthalten und 1 mg Bakterien etwa 0,01 mg Stickstoff, so folgt daraus, daß auf 1 Gewichtsteil Gesamtstickstoff nur 0,01 Gewichtsteil in Form von lebenden Erdorganismen zu rechnen ist, also ein Verhältnis von 100:1 besteht. Neben dem lebenden Bakterieneiweiß findet sich allerdings eine gleich große oder größere Eiweißmenge in Form von abgestorbenen Mikroben im Boden vor. Demnach kann die Gesamtmenge des in lebenden und toten Bakterien, Pilzen und Protozoen des Bodens vorhandenen Stickstoffs auf höchstens 2—5% des gesamten Erdstickstoffs ausgesetzt werden. Nach Versuchen von *Valmari*[78] bestand jedoch der Gesamtstickstoff einer Gartenerde zu 95,9% aus Proteinen; ähnliche Zahlen ergaben sich für Niederungsmoore (96,2%, 97,14% und 96,9%).

Versucht man die Stickstofformen im Salzsäureauszug eines Bodens zu bestimmen, so gelangt man zu folgenden Zahlen, die von *Jodidi*[33] und von *Stoklasa*[73] angegeben wurden:

Autor	*Jodidi* Boden aus Iowa	*Stoklasa* Boden aus Böhmen
Ammoniakstickstoff	1,2%	0,7%
Säureamidstickstoff.	25,5%	23,0%
Stickstoff der Diaminosäure. . . .	12,6%	17,3%
Stickstoff der Monoaminosäure . .	60,7%	59,0%.

Die Ergebnisse beider Untersuchungen stimmen recht gut überein.

Jodidi nimmt aber an, daß diese Zahlen durch die Säurehydrolyse des Eiweißes beeinträchtigt seien. Über die wirkliche Verteilung des Stickstoffes im Boden gewähren diese und ähnliche Analysen leider keine ausreichende Aufklärung.

2. *Die Beteiligung des Lignins an der Humusbildung.*

Neben stickstoffhaltigen Verbindungen sind für die Humusbildung auch stickstoffreie Stoffe von großer Wichtigkeit. Während aber z. B. Cellulose und Pektin verhältnismäßig leicht völliger Zersetzung zu Kohlensäure und Wasser anheimfallen, ist das Lignin relativ beständig und als Ausgangsmaterial für die Humusbildung in erster Linie in Betracht zu ziehen.

Im Laufe der letzten Jahrzehnte sind wir über die chemische Zusammensetzung der Pflanzen immer besser unterrichtet worden, aber erst in jüngster Zeit ist man dazu gekommen, die Begriffe Lignin und Pektin scharf zu unterscheiden. Indessen fehlt es auch heute noch auf diesem Gebiete an völliger Klarheit, und die von verschiedenen Autoren mitgeteilten Analysenergebnisse schwanken insbesondere für das Lignin innerhalb weiter Grenzen. So wurde für Haferstroh angegeben:

von *Sven Odén*[36]: Lignin mit gewissen Pentosanen 50,3%
von *S. A. Waksman*[80]: Lignin . . . . .20,4%.

Neuerdings hat man auch festgestellt, daß in den Blättern der Bäume der Ligningehalt größer ist als im Stamm. Z. B. wurde gefunden[25]*:

bei der Buche:	in den Blättern	48,1%
	im Stamm	20,0%
bei der Fichte:	in den Nadeln	37,6%
	in dem Holz	28,9%.

Für die Bildung von Humus ist der Ligninreichtum der Blätter und der blattreichen Gewächse von Wichtigkeit, denn während Cellulose, besonders unter anäroben Verhältnissen, leicht völlig abgebaut wird, geht das Lignin vorwiegend oder ausschließlich in Huminsäuren über[82]**.

Versucht man zu berechnen, welche Mengen an Lignin dem Boden alljährlich durch Stalldünger und Ernterückstände zugeführt werden, so ergibt sich etwa folgendes Bild: Die täglich anfallende Düngermenge ergibt sich nach der Formel: ($^1/_2$ Futtertrockensubstanz + Einstreutrockensubstanz) · 4 = Frischmist pro Tag. Angenommen[27], das Futter einer Kuh von 525 kg Lebendgewicht bestehe neben Kraftfutter und Rüben aus 3 kg Kleeheu und 5 kg Sommerhalmstroh, deren organische Masse 20% Lignin enthalten, so ergibt sich folgende Berechnung:

3 kg Kleeheu mit 83% Trockenmasse und 5 kg Sommerhalmstroh mit 85% Trockenmasse entsprechen insgesamt 6,74 kg Trockenmasse.

Der Ligningehalt beläuft sich auf 20% von 6,74 kg = 1,35 kg; im Jahre werden demnach 1,35 · 360 = 486 kg Lignin verabreicht. Als Streu wird annähernd 1000 kg Winterhalmstroh mit 20% Ligningehalt verwendet. Im Mist müssen somit 686 kg Lignin vorhanden sein. Eine Kuh liefert nun pro Tag nach der eben angegebenen Formel annähernd 36 kg Frischmist, im Jahre also 12960 kg. Bei der Rotte ist der Verlust der organischen Masse mit 30% zu veranschlagen, es bleiben nach Abzug dieses Verlustes 9072 kg Stalldünger übrig, die 686 kg Lignin oder dessen Zersetzungsprodukte enthalten. Bei einer Düngung mit 300 dz/ha werden dem Boden demgemäß alle 4 Jahre rund 2200 kg Lignin zuge-

* *Grosskopf:* Brennstoffchemie **7**, 293 (1926). *Grosskopf* gibt ferner an, daß nach einer Arbeit von *König* und *Becker* [Z. angew. Chem. **32**, 155 (1919)] Tannenholz 27,9 bzw. 29,2% Lignin enthält, Kiefernholz 29,5%. Nach *Grosskopf* enthält Acidum huminicum Merck annähernd 50% Lignin, daneben 1,5% Pentosane und nur 48,5% Huminsäure. Nach *Sven Odén* und *Lindberg* [Brennstoffchemie **7**, 165 (1926)] enthält Sphagnum balticum sogar 75,8% Lignin.

** *Wehmer*, Brennstoffchemie **6**, 101 (1925) konnte zeigen, daß bei saurer Reaktion Holzpilze (Merulius lacrymans, Polyporus vaporius, Coniophora cerebella) das Lignin in Huminsäuren überführen können. Da er bei der mikroskopischen Untersuchung von mit Pilzen zersetztem Holz selten Pilzfäden fand, nimmt *Wehmer* einen encymatischen Abbau an. *R. Falk* und *W. Haag* [Ber. dtsch. chem. Ges. **60**, 225 (1927)] unterscheiden, je nachdem, ob im Holze Lignin oder Cellulose zersetzt werden, Korrosion und Destruktion, erstere ist mit der Flachsröste vergleichbar.

führt = 550 kg im Jahr. Eine weitere Ligninquelle für den Boden sind die Ernterückstände, die 1000—5000 kg betragen können. Durch diese werden dem Boden jährlich 300—500 kg Lignin übermittelt. Da nun im Boden im großen und ganzen 2% Humus vorhanden sind, ergibt sich je Hektar ein Humusreichtum von annähernd 60000 kg, der ungefähr zu 5% alljährlich abgebaut wird. Es müssen demnach 3000 kg an organischer Masse dem Boden zur Verfügung gestellt werden, um einer Humusverarmung vorzubeugen. Ein beträchtlicher Teil, etwa 20—30%, des Humus wird durch das in dem Stalldünger und in den Ernterückständen befindliche Lignin ersetzt, das insofern eine große Bedeutung hat, weil es nur einer langsamen Zersetzung unterliegt, während Cellulose, Stärke und organische Säuren von den Bodenmikroorganismen rasch abgebaut werden.

Zu ähnlichen Ergebnissen gelangte *S. Waksman*[79]*. Aus Stroh isolierte er Cellulose und Lignin und überließ sowohl diese als auch Stroh und mit Äther und Alkohol behandeltes Stroh dem biologischen Abbau, indem er die einzelnen Stoffe in den Boden bzw. Sand brachte und die Kohlensäureentwicklung, die Humusbildung und die Nitrifikation quantitativ verfolgte. Er konnte zeigen, daß die größte Menge Humus in dem mit Lignin beschickten Gefäße gebildet worden war, und kommt zu dem allerdings keineswegs gerechtfertigten Ergebnis, daß Lignin und Humus identisch seien. Er schreibt: „In other words Lignin when introduced into the soil, is ‚Humus' and both terms are synonymous, to a certain extent."

Mit demselben Recht könnte gefolgert werden, daß Lignin und Kohle Synonyme seien „to a certain extent". Zweifellos ist Lignin ein wichtiges Ausgangsmaterial für die Entstehung der Huminsäuren, aber beide sind chemisch verschiedene Körper. So gibt *W. Fuchs*[18, 20] an, daß das Molekül der Huminsäure etwa doppelt so groß ist als das des Lignins, und daß Lignin trotz des kleineren Moleküls reicher an Hydroxyl- und Methoxylgruppen ist als die Huminsäure. Einen weiteren Beitrag zur

* *S. A. Waksman* fand, daß 1,5 g Lignin in 100 g Boden in 31 Tagen 1130 mg Humus bildete, in Sand 1287 mg. In der gleichen Zeit ergab Cellulose (2 g) nur 224 bzw. 231 mg Humus, in Sand ist die Humusbildung aus Cellulose noch geringer. Unbehandeltes Stroh ergab einen zwischen diesen Werten stehenden Betrag von 479 mg Humus, der sich ungefähr aus dem Lignin-, Pektin- und Celluloseanteil des Strohes errechnen läßt, wenn man die von *Waksmann* für diese Stoffe erhaltenen Zahlen zugrunde legt. Bei dem Vergleich von Lignin und Humus gelangte *Waksman* unter anderem zu dem Ergebnis, daß beide durch Oxydation dunkler werden („both darken on oxydation"). In demselben Satz gibt er weiterhin an („both are acted upon by H_2O_2"). Durch Oxydation hellen Humusstoffe aber auf, wie man leicht durch Behandlung einer Humuslösung mit Wasserstoffsuperoxyd feststellen kann, während Lignin in alkalischer Lösung in dunkle Huminsäuren überführt werden kann. Lignin und Ligninhuminsäuren sind nicht gleichbedeutend, sondern die Ligninhuminsäure ist ein Zersetzungsprodukt des Lignins und ist chemisch von diesem unterschieden.

Frage der Huminsäurebildung aus Lignin erbrachte *Grosskopf*[25], indem er die Veränderungen verfolgte, die Fichtennadeln nach dem Abfallen erlitten. Um die Menge der gebildeten Huminsäuren zu bestimmen, löste er die unveränderte Substanz mit Acetylbromid heraus. Die zurückbleibenden Stoffe nennt er Reinhumus und definiert Humus als den in Acetylbromid unlöslichen Anteil vermodernder Pflanzenteile. Auch in anderer Beziehung ist die Arbeit *Grosskopfs* von Interesse. Er zerlegte den Rohhumus in drei Teile: in Streu, Moder und Trockentorf. Letzterer als älteste Schicht enthält kaum noch sichtbare Pflanzenteile; Trockentorf setzt sich aus feinsten Humusteilchen zusammen, während die Streu aus noch nicht veränderten Pflanzenresten besteht. Der Moder bildet den Übergang von Streu zu Trockentorf. *Grosskopf* bestimmte den Lignin-, Cellulose- und den Reinhumusgehalt der einzelnen Rohhumusschichten und fand, daß der Ligningehalt der Nadeln 37,6% betrug, derjenige der Streu 22%, der Ligningehalt des Moders 20,8 und derjenige des Trockentorfs nur noch 14,2%. Während aber der Ligningehalt der Nadeln bei deren Umwandlung in Streu um 40% gesunken war, stieg gleichzeitig der Reinhumusgehalt auf 29,3% an, während er in dem Trockentorf 41,3% erreichte bei einem Ligningehalt von 14,2%. Der Cellulosegehalt betrug in den Nadeln 26,3%, in dem Trockentorf aber nur noch 13,5%. Die Abnahme der Cellulose verlief bei der Zersetzung der Nadeln zur Streu langsamer als die des Lignins; bei der weiteren Vertorfung nahm der Cellulosegehalt schneller als der Ligningehalt ab. In der Braunkohle ist die Zersetzung der Cellulose vollständig, Lignin war aber in der von *Grosskopf* untersuchten Braunkohle noch zu 3,2% vorhanden[34*]. *Grosskopf* fand einen verhältnismäßig weitgehenden Abbau des Lignins; wir müßten demnach mit einer biologisch relativ leicht abspaltbaren Gruppe im Ligninmolekül rechnen. Mit dem Abbau des Lignins im Stalldünger beschäftigen sich *R. Balks*[1] und *M. Bach*[2]. Sie bestimmten die Methoxylzahl des mit Stalldünger versehenen Bodens und verfolgten die Abnahme der Methoxylgruppen in bestimmten Abständen. Sie fanden, daß der an der Methoxylzahl gemessene Ligninabbau in dem ersten halben Jahre relativ schnell verlief, während nach dieser Zeit die Zersetzung des Lignins nur langsam vonstatten ging. *H. Pringsheim* und *W. Fuchs*[63] kamen bei dem bakteriellen Abbau des Lignins zu beachtlichen Ergebnissen. Die Autoren beimpften Lignin, das sich als Ammoniumsalz in Lösung befand,

* *Sven Odén* und *S. Lindberg* [Brennstoffchemie 7, 165 (1926)] führten Analysen von Torf aus; über die Zersetzung von Lignin und die Humusbildung schreiben die Verfasser folgendes: „Wir sehen daraus, daß hoher Ligningehalt mit niedrigem Humifizierungsgrad und geringem Anteil an alkalilöslichen Säuren Hand in Hand geht, während in dem Maße, wie die durch die charakteristische Braunfärbung gekennzeichnete Humifizierung fortschreitet, die Ligninstoffe in beinahe proportionaler Menge abnehmen."

mit Erde und bestimmten am Ende des Versuches die Menge des nicht zersetzten Lignins. Es zeigte sich, daß das „Gärungslignin" von dem „Ausgangslignin" chemisch unterschieden war. Die Pentosane waren weitgehend abgebaut worden, ebenso erwies sich das zurückerhaltene Material ärmer an Methoxylgruppen als das Ausgangslignin. In einem Falle wurden 40%, in einem anderen 60% des verwendeten Lignins zurückerhalten. Nach Ansicht von *W. Fuchs*[19] sind hexalartige Komplexe am Aufbau des Lignins beteiligt. Nach der Verholzungstheorie dieses Autors soll die Holzbildung durch das Auftreten von ungesättigten Zuckerkomplexen — Hexalen — in der Zellwand bedingt sein. Zur Stützung seiner Verholzungstheorie stellte *W. Fuchs* folgenden Versuch an: Er behandelte Fichtenholz mit Benzomonopersäure, unterwarf das erhaltene Produkt einer Säurehydrolyse und wiederholte den Versuch mit nicht oxydiertem Holz. Bei dem ersten Versuch war die Ausbeute an Glucose größer als bei dem zweiten; *Fuchs* berechnet den auf diese Weise erfaßten Anteil des Lignins auf 25% der Gesamtmenge. Einen ähnlichen Versuch stellten *M. Cunningham* und *C. Dorée*[6] an; sie oxydierten Buchenholz mit Ozon. Dabei entstanden neben organischen Säuren reichliche Mengen Kohlensäure; im ganzen wurden 40% des Holzes oxydiert. Die Verff. sind der Ansicht, daß das Lignin hierbei besonders stark angegriffen worden ist; dieser Gedanke wäre nach der Theorie von *W. Fuchs* vollauf berechtigt. Jedenfalls ist aber mit der Möglichkeit zu rechnen, daß im Ligninmolekül eine biologisch relativ leicht angreifbare Gruppe vorhanden ist, die ungefähr 25—40% des Moleküls ausmachen dürfte.

Die angeführten Beispiele mögen genügen, um zu zeigen, daß ein beträchtlicher Teil des Humus aus Lignin entstehen kann. *W. Fuchs*[18] betont aber weiterhin, daß außer der Bildung aus Lignin noch weitere Bildungsmöglichkeiten für Humus bestehen müssen. Es ist nie gelungen, einen völlig stickstoffreien Humus aus natürlichen Produkten zu isolieren, entweder enthielt dieser Eiweiß bzw. dessen Abbauprodukte als Verunreinigung, oder es hatte eine chemische Bindung mit diesen Stoffen stattgefunden. Wahrscheinlich werden in den meisten Fällen beide Möglichkeiten in Betracht zu ziehen sein. *Von Rosenberg-Lipinski*[64] machte vor nun bald 60 Jahren schon eine Unterscheidung von Holzfaserhumus und Humusgemenge. Während er in diesem die Träger der Pflanzennährstoffe sah, spricht er ersterem jeden Wert in landwirtschaftlicher Hinsicht ab. Mit letzterer Behauptung geht er allerdings sicher zu weit.

3. *Die Entstehung stickstoffhaltiger Humusstoffe* (*Melanine und Melanoidine*).

Schwarze „huminsäureähnliche" Produkte erhält man bei der Säurehydrolyse des Eiweißes, z. B. bei der Eiweißanalyse nach *van Slyke*.

Bottomley[5] war der Ansicht, daß nur diejenigen Proteine Humus liefern können, die kohlehydrathaltig sind. Ferner sind hier die Melanoidinsäure von *Schmiede-*

berg[70] zu erwähnen, sowie die phosphorsäurehaltigen Melanine, die er aus Nucleinsäuren herstellte. Weiter ist der Feststellung von *v. Udransky*[77] zu gedenken, derzufolge man bei der Einwirkung von Ammoniak auf Stroh dunkel gefärbte Produkte erhält. Aber auch Mikroben vermögen Dunkelfärbung ihrer Nährsubstrate herbeizuführen, entweder durch ihre Lebenstätigkeit selbst oder durch die Erzeugung von Enzymen, z. B. von Tyrosinase, die das Tyrosin in ein Melanin überführt. Aerobe Cellulosezersetzer erzeugen oft dunkle Flecken auf Filtrierpapier; *Beiyerinck*[4] schreibt dem Actinomyces chromogenes die Fähigkeit zu, Chinon zu bilden, das er mit Hilfe verschiedener Reaktionen nachweisen konnte. Diese Bildung von Chinon entspricht den modernen Anschauungen über Huminsäurebildung. *Sven Odén*[36] ist ebenso wie *Eller*[12] der Ansicht, daß eine chinoide Doppelbindung an der Bildung der Huminsäure beteiligt ist. Aber auch bei der Einwirkung von Aminosäuren und Ammoniak auf Zucker entstehen braunschwarz gefärbte Stoffe, über deren Konstitution vorläufig allerdings nichts bekannt ist.

Die Bildung dieser „Melanoidine“ ist schon seit langem bekannt. *Thénard*[76] stellte durch Einleiten von Ammoniak in geschmolzene Glucose eine braune, sehr bittere, brenzlich riechende Substanz mit 2—11% Stickstoff dar, die bei der Kalischmelze Ammoniak abgab; die dabei entstehende Säure wurde von ihm als „acide fumique“ bezeichnet. Dieser sollte eine Formel $C_{26}H_4N_2O_{12}$ zukommen, und sie wurde als mit einer im Stalldünger enthaltenen „Fuminsäure“ identisch angesehen. Sie zeigte zudem große Ähnlichkeit mit den aus Acker und Moorerden extrahierten Huminsäuren; *Thénard* stellte fest, daß sie in getrocknetem Zustande in Wasser unlöslich ist, daß sie sich aber feucht gut in Wasser löst, an der Luft Sauerstoff absorbiert und mit Alkalien wasserlösliche Salze bildet; in Alkohol und auch in Äther war sie schwer löslich. Einen ähnlichen Körper konnte *Millot*[54] durch Elektrolyse einer 22° warmen Zuckerlösung mit 5% Ammoniakgehalt bereiten. *Dehérain*[7] stellte später fest, daß die „acide fumique“ kein einheitlicher Körper war, sondern ein Gemsich von stickstofffreien und stickstoffhaltigen Körpern. In neuerer Zeit arbeitete *Maillard*[52, 53] über die Frage der Bildung von Melanoidinen durch die Einwirkung von Aminosäuren auf Zucker. Er konnte nachweisen, daß nicht nur Aminosäuren, sondern auch Polypeptide (Glycyl-Glycin) und Peptone diese Reaktion zeigen. Ferner fand er, daß der Vorgang unter Kohlensäureabspaltung verläuft und die Reaktionsgeschwindigkeit von der Temperatur abhängig ist. Um ein Maximum der Braunfärbung zu erzielen, mußte er entweder 40 Stunden auf 80° erhitzen oder 80 Stunden auf 34°. Außerdem stellte er fest, daß die Reaktion auch in Wasserstoffatmosphäre vor sich ging, daß es also keine Oxydationsreaktion ist.

Ähnliche Ergebnisse erzielte *W. Ruckdeschel*[65], der diese Reaktion für die Bildung des Farbstoffes des dunklen Bieres verantwortlich macht. Er fand, daß das Verhältnis Glycin : Dextrose : Wasser wie 1 : 4 (5) : 4 (5) am günstigsten und die Reaktionsgeschwindigkeit der Temperatur direkt, der Verdünnung umgekehrt proportional ist. Höherer

Druck und höhere Temperatur führen rasch ein Unlöslichwerden des Farbstoffes herbei. Ein Überschuß an Zucker verlangsamt die Reaktion. Er bestätigte den Befund *Maillards,* daß Luftsauerstoff an der Reaktion unbeteiligt ist. Außerdem konnte er zeigen, daß Kohlensäure chemisch abgespalten wird, indem er die Stoffe in einer Wasserstoffatmosphäre aufeinander einwirken ließ und die entstehenden Gase analysierte.

Die Reaktion wurde quantitativ mit Hilfe der Soerensen-Methode verfolgt. Folgende Tabelle gibt die Ergebnisse dieser Untersuchung wieder.

Resultate der Soerensen-Titration.

	$\frac{n}{5}$ Ba(OH) 2	unverändertes Glycin	in Reaktion getretenes Glycin	Lintnersche Verdünnungszahl
1.	5,1	0,19125	0,00875	5
2.	4,65	0,17438	0,02526	15
3.	2,0	0,0750	0,1250	73

Die in Reaktion getretenen Aminosäuren verhalten sich wie 0,00875 zu 0,02526 : 0,1250 = 1 : 2,93 : 14,3. Vergleicht man damit die zur Erzielung derselben Farbtiefe nötige Wassermenge, so ergibt sich eine auffallende Übereinstimmung mit den verbrauchten Aminosäuremengen. Um die Lintnersche „Verdünnungszahl“ zu bestimmen, benötigte *Ruckdeschel* 5 cm, 15 cm und 73 cm Wasser, die sich wie 1 : 3 : 14,6 verhalten. Hiernach glaubt *Ruckdeschel* folgern zu dürfen, daß eine Bindung von Zucker und Aminosäure tatsächlich eingetreten ist. Die Analyse der Substanz ergab:

$$C = 54{,}64\%,\quad H = 4{,}52\%,\quad N = 4{,}86\%.$$

Weiter untersuchte der genannte Autor die Einwirkung anderer stickstoffhaltiger Verbindungen auf Zucker. Methylamin lieferte einen Körper mit 13% Stickstoff, dessen Löslichkeit in Wasser größer war als die des Glykokollmelanoidins, auch der Reaktionsverlauf wurde diesem gegenüber verschieden befunden. Die Einwirkung von Trimethylamin auf Hexosen ergab schnelles Bräunen der wäßrigen Zuckerlösung.

Cholin gab fast augenblicklich eine Braunfärbung mit Dextrose, auch Pepton Witte reagierte mit diesem Kohlehydrat; dagegen gab Betain in wäßriger Lösung nicht die geringste Reaktion. *Kostytschew*[37, 38*]

* *Kostytschew* schreibt über diesen Vorgang: „Ein Prozeß, der sich wahrscheinlich in der lebenden Pflanzenzelle abspielt, ist die Verbindung der Aminosäuren mit den einfachen Zuckern, sie vollzieht sich selbst bei ziemlich niederen Temperaturen. Vorerst findet eine Verbindung des Zuckers mit den Aminosäuren derart statt, daß sowohl der Zucker als auch die Aminosäuren aus dieser Verbindung regeneriert werden können. Weiter treten jedoch vielleicht Kondensationen ein, und schließlich entstehen Stoffe, die den Huminstoffen nahe stehen und aus denen der Stickstoff nicht mehr abgespalten werden kann. Die Bildung von dunkel-

stellte gleichfalls Versuche über die Einwirkung von Ammoniak auf Zucker an. Er fand, daß, wenn man diese Stoffe bei 30° aufeinander einwirken läßt, Verbindungen entstehen, aus denen beim Kochen mit Salzsäure das Ammoniak wieder abgespalten werden kann. Diese Stoffe stellen seiner Ansicht nach entweder Amide oder Aldehydammoniake oder endlich Osimine dar. Der Vorgang selbst findet unter Wasserabspaltung statt.

Die Verkettung der stickstoffhaltigen Stoffe mit den Kohlehydraten findet nach *N. N. Iwanow*[34]* auch bei geringen Zuckerkonzentrationen statt. Mit der Bildung von Melanoidinen haben sich weiterhin *Grünhut* und *Weber*[26] beschäftigt. Nach ihrer Ansicht stimmen die Melanoidine *Ruckdeschels* mit denen *Maillards* überein; sie verfolgten den Reaktionsverlauf quantitativ mittels Formoltitration, Bestimmung des Drehvermögens und Reduktion von Fehlingscher Lösung und kamen dabei zu dem Ergebnis, daß die Reaktionsgeschwindigkeit in folgender Reihe abnimmt: Amine — Glykokoll, — Alanin — Polypeptide — Leucin für die Aminosäuren, während die Zucker folgendermaßen zu ordnen wären:

Arabinose (allgemein Pentosen) — Glucose — Galaktose — Fructose. Mit zunehmender Reaktionsintensität wird die Menge an formoltitrierbarem Stickstoff immer kleiner, aber der Gesamtstickstoff nimmt dabei nicht ab. Als Reaktionsverlauf nehmen die Verff. an: 1. Bildung komplexer Aminosäuren durch Anlagerung des Zuckermoleküls, 2. Schwinden der Aminofunktion des Stickstoffes durch Substitution und Kondensation, 3. Abspaltung von CO_2 aus der Carbonylgruppe.

Demgegenüber ist *C. Neuberg*[57, 58]** der Ansicht, daß aus Zucker und Aminosäuren keine echten Verbindungen entstünden, weil er fand, daß bei der Reaktion beider Stoffe der Drehungswinkel zwar geändert wird, daß aber beide Körper regeneriert werden können, mithin nur eine lose gegenseitige Beeinflussung stattgefunden hatte.

gefärbten, verhältnismäßig stickstoffarmen und gegenüber Säuren und Alkalien sehr resistenten Stoffen findet in bedeutendem Maße in allen Medien statt, die zugleich an Zucker- und Aminosäure reich sind." „Erwärmt man Zuckerlösung mit Ammoncarbonat auf 50°, so erhält man Produkte, aus denen man Ammoniak *nicht* mehr abspalten kann."

* *N. N. Iwanows* Untersuchungen über die Umwandlungen der stickstoffhaltigen Substanz in der Hefe (1919) nach *Kostytschews* Lehrbuch der Pflanzenphysiologie **1926**, 385. Leider war mir das Original nicht zugänglich, da es in russischer Sprache abgefaßt ist.

** *C. Neuberg* und *E. Simon* geben an: „Es ist ferner möglich, aus einer Lösung von $\frac{m}{2}$-Hexose-diphosphorsäuren Mg mit 2 m-Asparaginat, in der trotz der lävogyren Art des Asparaginats eine gewaltige Drehungsänderung nach rechts geschehen ist, einfach durch $CaCl_2$ in der Wärme die Hexose-diphosphorsäure als unlösliches Calciumsalz niederzuschlagen, so daß sie nach dem Auswaschen mit heißem Wasser stickstofffrei und so vollkommen von den Aminosäuren getrennt ist, daß die typische Reaktion mit Triketohydrindenhydrat ausbleibt."

Dasselbe war schon durch *Kostytschew*[37, 38] festgestellt worden, der jedoch zugleich auf die Veränderungen hinwies, die das System Zucker-Aminosäure bei höherer Temperatur (50°) erleidet, insbesondere machte er auf die mögliche Humusbildung in zucker- und aminosäurereichen Medien aufmerksam.

Es fragt sich demnach, welche Bedingungen erfüllt sein müssen, damit es in der Natur tatsächlich zu einer derartigen Humusbildung kommt. Hier ist in erster Linie erforderlich, daß die Zersetzung von Aminosäuren und Kohlehydraten durch Mikroben unterbleibt, daß zweitens erhöhte Temperatur einwirken kann und drittens müssen natürlich die betreffenden Stoffe selbst zugegen sein.

4. *Die Abbauvorgänge im Stalldünger während der Aufbewahrung.*

Die soeben formulierten Bedingungen für die Bildung von Melanoidin sind erfüllt bei der von *H. Krantz* in Vorschlag gebrachten Heißvergärung des Stalldüngers. Das ergibt sich aus der folgenden Überlegung:

Während der heiß vergorene Mist nach den Ermittelungen von *Ruschmann*[66, 67, 68] und *Goeters*[24] eine weitgehende Sterilisation erfährt und dementsprechend einen sehr geringen Keimgehalt aufweist, der vorwiegend aus Sporen besteht, findet sich im Hofmist stets eine reichhaltige und arbeitende Mikroflora.

Aus den Ermittelungen *Goeters*' geht hervor, daß der Gehalt an lebenden Keimen im heiß vergorenen Mist schon nach wenigen Tagen bedeutend abgenommen hatte und auch noch nach einem Monat eine weitere Verminderung wahrnehmbar war. Nach *Ruschmann*[67] tritt auch bei mehrere Monate lang gelagertem Heißmist eine weitere Abnahme der Keime ein; sogar die Sporen sterben zum größten Teil ab.

Im Hofmist findet in den ersten Wochen eine reichliche Vermehrung der vorhandenen Keime statt, dann tritt nach ungefähr 4—6 wöchentlicher Lagerung ein allmählicher Rückgang ein. Aërobe Cellulosezersetzer zeigten auch nach 3 Monaten an der Außenseite eine Zunahme. Auf jeden Fall ist im gewöhnlichen Hofdünger mit einer lange andauernden Tätigkeit zu rechnen, dagegen im heiß vergorenen Mist mit einer weitgehenden Sterilisation. Es muß also gefragt werden, auf welchen Wegen die weiteren Veränderungen des Heißmistes zustande kommen. Wir haben es hier nicht mit biologischen, sondern mit chemischen Umsetzungen zu tun, denen die einzelnen Bestandteile des Düngers unterliegen. Während der Erhitzungsperiode des Düngers ist zunächst mit dem Absterben der mesophilen Bakterien zu rechnen, daneben aber mit einem heftigen Angriff der thermophilen auf die vorhandenen Stoffe; stickstofffreie und stickstoffhaltige Verbindungen werden kräftig gespalten, bei letzteren kann die Spaltung bis zur Ammoniakbildung führen und damit ist eine Möglichkeit für Stickstoffverluste gegeben. Aber neben den Abbauvorgängen findet auch Neubildung lebender Substanz statt, also haben wir in der mesophilen und thermophilen aëroben Phase auch mit Stickstoffestlegung zu rechnen.

In dem darauffolgenden anaëroben Zustande, der mit einem langsamen Sinken der Temperatur verbunden ist, werden vornehmlich Enzyme den Abbau des Eiweißes und der stickstofffreien Stoffe fortsetzen. *Ruschmann*[69] versucht weitere Umsetzungen durch Bakteriophagie zu deuten, die, wenn man an ihrer Existenz nicht zweifelt, zwanglos Eiweißzersetzungen im heiß vergorenen Mist erklären würde.

Über das cellulosespaltende Enzym, die Cellulase, sind wir durch die Arbeiten von *H. Pringsheim*[62] verhältnismäßig besser unterrichtet als über die übrigen Bakterienenzyme. Sie ist gegen Wärme ziemlich unempfindlich und in einem Temperaturintervall von 50°, von 20—70°, aktiv. Neben der Cellulase hat die Cellubiase in den Abbau der Zellulose einzugreifen, um die intermediär auftretenden Bausteine der Cellulose, die Cellobiose, in Glucose überzuführen. Auch für diesen Prozeß liegen die Verhältnisse im heiß vergorenen Stallmist günstig; das Optimum der Cellobiase liegt nach *H. Pringsheim* bei 46°; nach *H. Glathe*[23] ist mit einer Temperatur von 51—37° ungefähr einen Monat lang zu rechnen. Für die Cellulose liegt der Abbau klar zutage; das Endprodukt der Hydrolyse ist Traubenzucker.

Etwas verwickelter gestalten sich die Verhältnisse beim Pektin. Als Pektinzersetzer wurde sowohl von *Ruschmann*[66, 67] als auch von *Goeters*[24] Bac. asterospus gefunden; Bac. mesentericus soll in dieser Richtung ebenfalls wirken. Nach *F. Ehrlich*[11] ist Pektin ein relativ einfach zusammengesetzter Körper; Pektin besteht aus 2 Teilen, erstens dem Araban, einem Anhydrid der Arabinose und zweitens aus dem Calcium-Magnesiumsalz der Pektinsäure, der *Ehrlich* die Zusammensetzung einer Triacetyl-arabino-galacto-dimethoxy-tetra-galacturonsäure zuschreibt. Beim enzymatischen Abbau werden die einzelnen Bestandteile des Moleküls freigelegt, so daß also mit dem Auftreten von Arabinose und Galaktose zu rechnen ist. Diese Hydrolyse wird durch die Pektinase beschleunigt, die von Bac. asterosporus gebildet wird.

Der weitaus größte Teil des Humus im Stalldünger wird aus dem Lignin, das zu etwa 20% im Winterhalmstroh anzutreffen ist, gebildet. Über die chemischen Veränderungen des Lignins bei der Humusbildung ist man nicht unterrichtet. Auch ist es unbekannt, welche Bakterien bzw. deren Enzyme an der Humifikation des Lignins beteiligt sind[82]*.

---

* Für Pilze bzw. deren Enzyme wurde die Einwirkung auf Lignin von *Wehmer* [Brennstoffchemie **6**, 101 (1925)] untersucht. Er konnte zeigen, daß bei saurer Reaktion Holzpilze (Merulius lacrimaus, Polyporus vaporarius, Coniophora cerabella) Lignin in Huminsäuren überführen. Vgl. auch die neueren Befunde von *W. Barendamm* [Zbl. Bakter. II **76**, 172 (1928)].

Kompliziert werden die Verhältnisse beim Abbau des Eiweißes, da wir über die Bakterienproteasen nur unzulänglich unterrichtet sind.

Nach *Fuhrmann*[21] wäre mit einem weitgehenden Abbau des Eiweißes zu rechnen; er schreibt: „Man ist daher berechtigt, bei der Eiweißspaltung durch proteolytische Bakterienenzyme die gleichen Abbauprodukte anzunehmen als bei der tryptischen Verdauung" (höherer Organismen). Er gibt an, daß Aminosäuren und Ammoniak gebildet werden. Heute ist man bei der Beantwortung dieser Frage vorsichtiger geworden, weil nicht vorauszusehen ist, ob die Bakterienproteasen Eiweiß zu Aminosäuren spalten können oder ob die Zersetzung schon bei den Peptonen halt macht. *Fermi*[16] hat die Beobachtung gemacht, daß Enzyme der Bakterien Eiweiß nur lösen und nicht aufspalten. Demgegenüber konnte in den letzten Jahren *Dernby*[8] nachweisen, daß bei der Einwirkung von Proteasen der Diphtherie- und der Tuberkelbacillen auf Pepton Witte Aminosäuren gebildet werden. Und zwar konnte er durch Veränderung der Wasserstoffionenkonzentration einmal Gelatine zu Peptonen „desaggregieren" und zweitens diese in Aminosäuren aufspalten. Er stellte ein Reaktionsoptimum bei p_H 6 bis p_H 8 fest. Einen wertvollen Beitrag zur Kenntnis der Bakterienenzyme lieferte der Japaner *Oshima*[60] durch seine Arbeit über den Bac. Natto. Er stellte fest, daß die Eiweißverflüssigung und die Aminosäurebildung optimal bei verschiedenen Wasserstoffionenkonzentrationen verlaufen. So fand er Verflüssigung von Casein bei p_H 5,9, für Edestin bei p_H 6,0, während das Optimum der Aminosäurebildung bei p_H 7,8—8,4 für Casein, von 8—8,8 für Edestin und von 9,1 für Pepton Witte lag. Dieser Versuch zeigt, daß die Protease des Bac. Natto sowohl den Charakter einer Pepsinase als auch den einer Trypsinase je nach den Reaktionsbedingungen zeigen kann. Im Falle der Eiweißzersetzung durch Bac. Natto ist die Bildung von Aminosäuren festgestellt. Aus den sonst noch vorliegenden Angaben[14, 59]* über Bakterien-Proteasen geht hervor, daß sie sich in manchen Punkten wesentlich von denen höheren Organismen unterscheiden. Sie zeigen eine geringere Empfindlichkeit gegen Änderung der Wasserstoffionenkonzentration und der Temperatur; dadurch ist eine flach ansteigende und flach abfallende Aktivitätskurve für Reaktion und Temperatur bedingt; die Proteasen höherer Organismen sind dagegen, wie die steil abfallenden Aktivitätskurven zeigen, viel mehr differenziert. Für die hier in Betracht kommenden Bakterien kann man ähnliche Eigenschaften der Proteasen annehmen, bis das Gegenteil

* Eine weit verbreitete Eigenschaft der Bakterienproteasen ist ihre relativ große Beständigkeit gegen Temperaturerhöhung. Inaktivierung tritt ein bei halbstündigem Erhitzen von Protease des Bac. prodigiosus auf 56°, des Bac. pyocyaneus auf 85°. Gegenwart von Gelatine schützt das Ferment vor der Zerstöruung durch Erhitzen. Die Proteasen spalten bei der Autolyse ihr eigenes Zelleiweiß.

erwiesen ist; untersucht ist diese Frage noch nicht. Wenn aber schon bei den nur sehr schwach Gelatine verflüssigenden Diphtherie- und Tuberkelbacillen die Spaltung von Eiweiß in Aminosäuren beobachtet worden ist, darf jedenfalls angenommen werden, daß derselbe Effekt bei den Gelatine stark verflüssigenden Bakterien des Stalldüngers (Bac. mycoides, mesentericus, subtilis u. a.) zu finden sein wird. Die Anwesenheit von Bac. mycoides ist von besonderer Wichtigkeit, insofern er ein guter Zellauflöser (Cytolyticus) ist, wie *Franke* und *Ismet*[17] festgestellt haben. Durch die Auflösung der Zelle wird den eiweißzersetzenden Enzymen naturgemäß eine größere Angriffsfläche geboten.

Über die enzymatische Zersetzung der Eiweißkörper im heiß vergorenen Mist schreibt *Ruschmann*[67] wie folgt: „Im gewöhnlichen Hofmist kann die Auflösung der Bakterienkörper oder die Zersetzung des Eiweißes nicht in dem Maße stattfinden, weil bei den in ihm verlaufenden Gärungen keine Selbsterhitzung einseitig auslesend auf die Zusammensetzung der Mikroflora einwirkt. Die speziell proteolytisch wirkenden Enzyme werden also nicht in genügender Menge gebildet."

Allerdings kann ich mich mit dem letzten Satz nicht einverstanden erklären; es liegt kein Grund vor, anzunehmen, daß im gewöhnlichen Hofmist proteolytische Enzyme nicht in derselben Menge wie im heiß vergorenen Dünger gebildet werden. Die Abbaustoffe werden aber in dem Maße, wie sie gebildet werden, wieder zu Mikrobeneiweiß aufgebaut, so daß diese Umwandlungen nicht entsprechend verfolgt werden können.

Weiter muß erörtert werden, ob Ammoniak im Laufe der Düngerrotte gebildet werden kann. Für Kaltmist muß diese Frage natürlich bejaht werden, da die lebenden Mikroben zum Teil Urease zu bilden vermögen (vgl. *Löhnis* und *Smith*[51]*) und zum Teil Ammoniak aus Aminosäuren abspalten können. Anders liegen die Verhältnisse beim heiß vergorenen Dünger. *Glathe*[23] konnte jedoch am Ende eines Versuches ebenfalls einen Zuwachs an Ammoniak feststellen. Es sind zwei Möglich-

* *F. Löhnis* und *J. H. Smith* beobachteten folgenden Fall von Enzymtätigkeit, sie schreiben darüber: „Das Fortwirken von Enzymen nach dem Absterben der betreffenden Mikroben kommt übrigens auch bei Vergärung des Harnes sehr deutlich zur Geltung. Wir impften 3 Wochen alten Harn mit etwas Kot und fanden pro Gramm:

Anfangs	nach 1	nach 2	nach 5	nach 6	nach 8 Wochen
7500000	50000	50000	50000	30000	5000 Harnstoffbakterien.

An Ammoniakstickstoff waren dagegen (in Prozenten des Gesamtstickstoffs) vorhanden:

16,2%	39,2%	62,0%	83,5%	80,5%.

Erst nach 5 Wochen war also die Umwandlung des Harnstickstoffes in Ammoniak vollendet; d. h. zu einer Zeit, wo nur verhältnismäßig sehr wenige der eingeimpften Keime am Leben waren."

keiten für Ammoniakbildung vorhanden, einmal wird der im Dünger vorhandene Harnstoff in der ersten aëroben Phase der Düngerbereitung bakteriell zersetzt, wodurch die Stickstoffverluste des heiß vergorenen Düngers zum Teil erklärt werden. Zum anderen besteht die Möglichkeit, Harnstoff durch Enzyme der Bakterien in der anaëroben Periode der Düngerrotte in carbaminsaueres Ammoniak überzuführen, da das Enzym Urease vielen Mikroben eigen ist. Die aus Eiweiß enzymatisch abgespaltenen Aminosäuren werden nicht zu Ammoniak abgebaut werden; das besorgen z. B. im Hofdünger die Mikroben durch ihre Tätigkeit; da nun aber im heiß vergorenen Mist die lebenden Bakterien fehlen, kann die Zersetzung der Aminosäuren nicht vor sich gehen. Allerdings kann Arginin, das nach *Edlbacher*[10] in jedem bisher untersuchten Eiweiß gefunden worden ist, durch ein Enzym, die Arginase, in Ornithin und Harnstoff gespalten werden, der dann der weiteren Zersetzung anheim fiele. Auf diesem Wege wäre Ammoniakbildung aus Eiweiß möglich. Auf jeden Fall muß mit der Harnstoffzersetzung im heiß vergorenen Dünger gerechnet werden; für das Enzym Urease wird von *F. Fuhrmann*[21] ein Temperaturoptimum von 48—50° angegeben. Nach demselben Autor müssen zwei Klassen von Urobacillen unterschieden werden, einmal solche, die bei Temperaturen über 50° abgetötet werden und solche, die weit höhere Temperaturen vertragen können. *Goeters*[24] konnte zeigen, daß neben den mesophilen Harnstoffbakterien im Stalldünger auch Urobacillen vorkommen, die zu den thermotoleranten und thermophilen Arten gerechnet werden müssen. Aus diesem Grunde muß mit einem völligen Abbau des Harnstoffes im heiß vergorenen Mist gerechnet werden, zumal da optimale Temperaturen (48—50° nach *Fuhrmann*) für die Wirkung der Urease lange Zeit vorliegen. *Glathe*[23] beschreibt einen Edelmist, der unter Verwendung von Harn hergestellt war. Dieser zeigte einen höheren Gehalt an Gesamtstickstoff (0,73%) als die übrigen Mistsorten; am Ende der Rotte enthielt dieser Mist immerhin noch 0,147% Ammoniakstickstoff. Es muß geschlossen werden, daß das Ammoniak in diesem und auch in jedem anderen Fall zur Neutralisation der entstehenden Ligninhuminsäuren Verwendung findet. Für den Verlauf der Humusbildung ist das Ammoniak eben deshalb von Bedeutung, weil bekannt ist, daß Lignin durch die basische Wirkung des Ammoniaks leicht in Huminsäuren übergeführt wird.

Wenn man die Ergebnisse der theoretischen Erörterungen über den enzymatischen Abbau von Stroh und Eiweiß zusammenfaßt, kommt man zu dem Ergebnis, daß auf der einen Seite Hexosen und Pentosen gebildet werden, auf der anderen Seite Peptone, Aminosäuren und Ammoniak. Es darf nun wohl als sicher angenommen werden, daß die freien Zucker als solche nicht im Edelmist verbleiben. Denn gesetzt den Fall, wir hätten im heiß vergorenen Dünger neben Cellulose und Lignin, Glucose und Arabinose und freie Aminosäuren, so würde beim Ausbringen auf das Feld sofort eine Stickstoffestlegung durch die Erdmikroben Platz greifen und die Wirkung des Heißmistes würde sich von derjenigen des gewöhnlichen Hofdüngers nicht mehr unterscheiden. Demnach ist mit einer Anwesenheit von Zucker im heiß vergorenen Dünger jedenfalls nicht zu rechnen. Es fragt sich also weiter, welche Veränderungen der Zucker während der Düngerrotte erfährt. Es muß die Möglichkeit erwogen werden, ob das Zuckermolekül enzymatisch in Fettsäuren gespalten wird; mir scheint eine Reaktion in diesem Sinne — wenigstens in größerer Ausdehnung — nicht gut möglich zu sein, da der Mist dann meist eine saure Reaktion annehmen müßte, was aber im allgemeinen nur ausnahmsweise der Fall ist und beim ordnungsmäßig heiß vergorenen Dünger überhaupt noch nicht beobachtet werden konnte. Eine Neutralisation durch Ammoniak kommt nicht in Frage, da die gefundenen Ammoniakmengen zur Bindung einer größeren Menge organischer Säuren nicht ausreichen würden.

Es besteht aber nun für die Bindung von freiem Zucker die oben erörterte Möglichkeit, daß er mit Ammoniak, Aminosäuren und Peptonen Melanoidine bildet. Die Konzentrationen der auftretenden Aminosäuren und des Zuckers sind zweifellos ziemlich gering; aber die Lösung beider Körper wird nicht gleichmäßig in der ganzen Masse des Düngers verteilt sein, sondern es werden sich Konzentrationsunterschiede ergeben: Stellen, an denen kein Zucker vorkommt, und Stellen, an denen die Konzentration relativ hoch ist. *S. Kostytschew* gibt überdies an, daß nach Untersuchungen von *N. N. Iwanow*[34] die Verkettung der Aminosäuren mit Zucker auch bei niederen Zuckerkonzentrationen stattfinden kann. Bei Verwendung von 1 g Harnstoff und 1 g Zucker auf 250 ccm Wasser, also bei einer Konzentration von nur 4 pro mille trat schon nach einem Tag bei 55° Gelbfärbung ein, ebenso bei einer Konzentration beider Stoffe von 1 auf 1000 innerhalb 5 Tagen bei 55°. Also auch bei niedrigen Konzentrationen kann auf die Reaktion zwischen Zucker und Harnstoff gerechnet werden. Weiter ist aber, um eine Konzentrationserhöhung der reagierenden Stoffe herbeizuführen, eine Adsorption an aus Lignin gebildete Huminsäuren und andere Kolloidkörper möglich und wahrscheinlich; an der Grenzfläche, an der die Konzentration dieser Stoffe dann relativ hoch ist, könnten Ammoniak, Aminosäuren und Peptone mit Zucker ebenfalls eine Bindung eingehen.

Relativ einfach liegen die Verhältnisse bei der „Kunstmistbereitung"[30], wie sich aus den von *Lemmermann* und *Gerdum*[43] sowie der von *F. Zucker*[86] ausgeführten Arbeiten ergibt. *Lemmermann* und *Gerdum* verwendeten Stroh und Harnstoff und vergoren das Gemisch nach der Art der Krantzschen Edelmistmethode. *F. Zucker* arbeitete mit Kalkstickstoff als

Stickstoffquelle, brachte ihn mit gehäckseltem Stroh und der genügenden Menge Wasser in die Krantzsche Gärstatt und erhielt, wenn der Wassergehalt 75% betrug, einen in Aussehen und mikrobiologischer Wirkung von normalem, heiß vergorenem Mist nicht zu unterscheidenden Dünger. Die Stickstoffquellen brauchen bei der Strohvergärung nicht erst durch Proteasen in Aminosäuren abgebaut zu werden. In beiden Versuchen konnte Ammoniak in größerer Konzentration auf den sich bildenden Zucker und auf das Lignin einwirken. Durch den Abbau der Cellulose und des Pektins wurde Zucker frei, der sich mit dem Ammoniak zu Melanoidinen zusammenschließen konnte. Natürlich wird auch hier die größte Menge des Humus aus Lignin gebildet werden und an diesen wird Ammoniak gebunden sein, entweder durch Ammoniakhumatbildung oder durch Oberflächenattraktion. Da man aber dieses Ammoniak als leicht austreibbares Ammoniak bestimmen kann, solcher „Kunstmist" jedoch eine bedeutende Menge unlöslichen Stickstoffs enthält, so spricht diese Tatsache gleichfalls dafür, daß eine Bindung von Ammoniak an Zucker eingetreten ist.

B. Hauptteil.

1. Versuche über die Bildung von stickstoffhaltigen Humusstoffen (Melanoidinen).

In Anlehnung an die Versuche von *Maillard*[53], *Ruckdeschel*[65], *Grünhut* und *Weber*[26] wurden aus Zucker und Aminosäuren bzw. Ammoniak Melanoidine hergestellt, deren biologische Eigenschaften geprüft werden sollten. Einige Vorversuche waren dazu bestimmt, Aufschluß über folgende Fragen zu gewähren:

1. Kann Humus aus Monosen und Aminosäuren, Harnstoff oder Ammoniak bei gewöhnlicher Temperatur gebildet werden?
2. Welche Temperatur ist für die Humusbildung am günstigsten?
3. Mit welchem Ausgangsmaterial und bei welchen Mengenverhältnissen wird die schnellste Humifizierung erzielt?
4. Welche Ausgangsstoffe liefern leicht flockbaren Humus?

Um die zuerst genannten Fragen zu entscheiden, wurden die folgenden Versuche angesetzt:

a) 10 g Glucose + 7 g Harnstoff;
b) 10 g Galaktose + 5 g Asparagin;
c) 10 g Fructose + 10 g Ammoniumcarbonat;
d) 10 g Fructose + 90 g 25proz. Ammoniak;
e) 10 g Fructose + 20 g Ammoniumcarbonat;
f) 10 g Fructose + 15 g Harnstoff + Erdaufguß als Lösungsmittel.

Die angegebenen Stoffe wurden in Wasser gelöst und — nicht sterilisiert — bei gewöhnlicher Temperatur aufbewahrt. Die Prüfung von Galaktose und Asparagin fiel negativ aus, es trat innerhalb einiger

Wochen keine Bräunung ein, vielmehr bildete sich eine starke Pilzdecke und die Lösung trübte sich infolge von Bakterienwachstum. Nach einem Jahre dagegen waren die wäßrigen Lösungen von Asparagin sowohl wie von Harnstoff mit Zucker in trübe, dunkle, braunschwarze Lösungen verwandelt, die von einer starken Pilzdecke überzogen waren. Ein Ausflocken dieser Lösungen war nicht zu erzielen.

Positive Ergebnisse lieferten die Versuche mit Ammoniumcarbonat und Zucker. Nach einem Tage schon war die Lösung goldgelb gefärbt, am 2. Tage hellbraun und am 7. Tage tief dunkelbraun. Das Gemisch von Zucker und 25% Ammoniak veränderte sich bedeutend langsamer, jedoch trat auch hier schließlich Braunfärbung ein. Dieser Humifizierungsprozeß scheint also von der Reaktion der Lösung abhängig zu sein[65]*. Die bei gewöhnlichen Temperaturen erzielten dunkelbraunen Lösungen ließen sich nicht flocken und passierten auch ein Ultrafilter.

Da bei gewöhnlicher Temperatur keine flockbaren Lösungen erhalten wurden, mußte zur Darstellung von stickstoffhaltigen Humusstoffen eine Temperatur gewählt werden, die einmal die Kondensation der vorhandenen Stoffe so weit förderte, daß kolloid-disperse Lösungen entstehen, die zum andern aber die Melanoidine nicht weitgehend verändern. Denn *Eller*[12] konntezeigen, daß Kohlensäureabspaltungen bereits bei der Erwärmung von Huminsäuren über 80° eintreten.

Je höher die Lösung von einem Gemisch von Zucker und Aminosäuren erhitzt wird, desto schneller tritt Braunfärbung ein. Allerdings erhält man dann auch leicht Produkte, die in Alkalien nicht mehr löslich sind. *Ruckdeschel*[65] erhitzte eine Lösung von 1 g Glykokoll mit 5 g Dextrose in 5 g Wasser im Autoklaven auf 3 Atmosphären, nach 15 Min. besaß die Lösung eine tiefdunkelbraune Farbe, nach weiteren 15 Min. hatte sich der Farbstoff in Form von wasserunlöslichen Flocken abgeschieden. *Kostytschew*[67] gibt an, daß Zuckerlösungen mit Ammoniumcarbonat bei der Erwärmung auf 50° Stoffe ergeben, aus denen Ammoniak nicht mehr abgespalten werden kann. In Anlehnung an diese Mitteilung wurde als Reaktionstemperatur 60° gewählt; bei Verwendung von Asparagin und Glucose wurde innerhalb zweier Tage bei dieser Temperatur ein gut flockbarer Stoff erhalten. Öfters mußte einige Tage länger erhitzt werden, jedoch traten bei fortgesetzter Erwärmung nach

---

* Durch OH-Ionen wird Zucker bei erhöhter Temperatur karamelisiert. *Ruckdeschel* (a. a. O.) kam zu dem Ergebnis, daß eine $\frac{n}{10}$ NH_4OH-Lösung schwächer wirkt als eine $\frac{n}{4}$ NH_4OH-Lösung, d. h. die stärker dissoziierte Lösung hatte eine geringere Braunfärbung zur Folge. Die Bräunung von Zucker in Ammoniumcarbonat und in 25% Ammoniak zeigt dasselbe. Daraus folgert *Ruckdeschel*, daß die Bräunung einer Zuckerlösung mit Ammoniak nicht nur eine Folge der Hydroxylionen ist, sondern daß das Ammoniak selbst an der Reaktion beteiligt ist.

10 Tagen Stoffe auf, die sich in Natronlauge nicht mehr restlos lösen, nach 15 Tagen war von der Substanz nur noch ein sehr kleiner Anteil selbst in siedender verdünnter Natronlauge zur Lösung zu bringen. Nach *Strache-Lant*[75] wären die nach einigen Tagen als kolloide Lösungen erhaltenen Stoffe, die sich in Soda in der Kälte lösen, als huminoide Säuren zu bezeichnen, die bei längerer Erwärmung erhaltenen Produkte, die sich zum Teil in kalter verdünnter Natronlauge lösen, als humoide Stoffe, die man bei natürlichem Vorkommen als Humine bezeichnen würde, und schließlich die bei 15 Tage langer Erhitzung erhaltenen Stoffe als Huminkohle, die auch in kochender Natronlauge nicht mehr löslich ist.

Diese Übergänge von wasserlöslichen Stoffen zu den Huminkohlen sind charakterisiert als molekulardisperse, kolloiddisperse und grobdisperse Systeme. Auf letztere wurde bei der weiteren Verarbeitung kein Wert gelegt; es kam vielmehr darauf an, die Kondensation bis zur Erlangung von kolloiddispersen Lösungen zu bringen, die dann ausgeflockt und gereinigt werden konnten. Im Mist kommt es auch zur Bildung dieser Stoffe; flockt man Jauche oder Sickersaft mit passenden Reagentien aus, so erhält man aus der kolloiden Lösung einen braunen Niederschlag mit einer darüber stehenden fast wasserklaren Flüssigkeit. Andererseits kann die Kondensation der vorhandenen Stoffe im Dünger über die Stufe der Huminsäuren hinausgehen, man erhält z. B. auf der Sohle von Hofdüngerstätten, vor allem wenn sie feucht sind, kohleartige Gebilde, die mit den Huminkohlen vergleichbar sind. Diese huminkohleähnlichen Stoffe haben als Dünger nur wenig Wert. Bei der Düngerrotte ist eine beschränkte Humifikation anzustreben, um die leicht zersetzlichen Kohlenstoffverbindungen zu beseitigen, da sonst Stickstoffestlegung im Ackerboden eintritt. Andererseits führt eine zu weitgehende Humusbildung zu torfartigen Verbindungen, die von den Mikroben nur äußerst schlecht als Kohlenstoffquelle verwertet werden können[48]*.

Aus diesen Gründen wurde bei der Herstellung der Melanoidine darauf geachtet, daß keine huminkohlenähnlichen Substanzen erhalten

---

* *Löhnis* schreibt über die Düngerrotte wie folgt: „Der Zweck der Düngerrotte beruht also darin, daß erstens die organischen Verbindungen so weit — aber nicht weiter zerlegt werden, als erforderlich ist, damit sie weder auf die Kulturgewächse noch auf die Salpeterbildner schädlich einwirken, noch auch den Ammon und Nitrat assimilierenden Bodenorganismen eine geeignete Kostenstoffquelle darbieten können.

Die Zersetzung der organischen Verbindungen soll also während der Lagerung des Düngers zwar eingeleitet werden, ihren Abschluß soll sie aber erst im Boden finden. Nur ‚rotten' soll der Dünger, d. h. er soll (wie Gespinstpflanzen bei der natürlichen oder künstlichen Rotte) infolge der Umsetzung von Zucker, Stärke und Pektinsubstanzen nur ‚mürbe' gemacht werden."

wurden, sondern kolloiddisperse Lösungen, die zu ähnlichen Humusstoffen führten, wie sie in dem heiß vergorenen Mist vorhanden sind.

Es mußte weiterhin gefragt werden, mit welchem Ausgangsmaterial und bei welchen Mengenverhältnissen der einzelnen Stoffe die schnellste Humifizierung erzielt wurde.

Folgende Versuche wurden angesetzt:

a) 1 g Glucose ohne Harnstoff	a) 1 g Galaktose + 0,1 g Asparagin
b) 1 g „ + 0,1 g Harnstoff	b) 1 g „ + 0,25 g „
c) 1 g „ + 0,2 g „	c) 1 g „ + 0,5 g „
d) 1 g „ + 0,3 g „	d) 1 g „ + 0,1 g „
e) 1 g „ + 0,5 g „	e) 1 g Glucose + 0,25 g „
f) 1 g „ + 0,7 g „	f) 1 g „ + 0,5 g „
g) 1 g „ + 1,0 g „	

Außerdem wurden Versuche mit wechselnden Mengen Ammoniumcarbonat und Glucose angesetzt.

Am schnellsten bräunten sich stets die Lösungen, in denen als Stickstoffquelle Ammoniumcarbonat zugegen war; die höchste Zugabe an Stickstoff wirkte hier stets am vorteilhaftesten, ein Vergleich mit den übrigen Versuchen ist aber nicht möglich, weil der größte Teil des Ammoniaks beim Erwärmen auf 60° sofort gasförmig entbunden wird und sich der Reaktion entzieht. Im übrigen wurde beobachtet, daß sich die Zuckerharnstofflösungen schneller bräunten als die Asparagin-Zuckerlösungen. Diese jedoch reagierten schneller als eine mit Leucin versehene Glucoselösung; vielleicht ist die Tatsache auf die geringe Löslichkeit von Leucin in Wasser zurückzuführen. Auch *Grünhut* und *Weber*[26] konnten die Beobachtung machen, daß Leucin nur langsam mit Kohlehydraten reagiert.

Als Ergebnis dieses Versuchs muß zunächst die schnelle Reaktion zwischen Ammoniumcarbonat und Zucker hervorgehoben werden. Bei der Anwendung von Harnstoff und Zucker wurde ein Maximum der Bräunung bei der Einwirkung von 0,7 g Harnstoff auf 1 g Glucose festgestellt; das entspricht in molare Verhältnisse übertragen: 1 Mol Harnstoff auf 2,1 Mole Zucker. Bei den Versuchen mit Asparagin erwies sich das Verhältnis von 0,5 Asparagin zu 1 g Galaktose als das vorteilhafteste, an zweiter Stelle stand die Lösung von 0,5 g Asparagin und 1 g Glucose.

Welche Ausgangsmaterialien liefern nun leicht flockbare Humusstoffe? Da nur flockbare Substanzen einigermaßen leicht von beigemengten Kohlehydraten und Aminosäuren zu befreien sind — durch dekantieren, waschen und dialysieren — so mußte danach gestrebt werden, Stoffe herzustellen, die leicht in den Gelzustand überzuführen sind. Es zeigte sich, daß Ammoniumcarbonat sowohl wie Harnstoff mit Zucker nur selten in flockbare Form übergingen, während dies bei Verwendung von Aminosäuren leicht zu erreichen war. Vielleicht hängt dieses mit dem gegenüber Ammoniak größeren Molekül der Aminosäuren zusammen. Es wäre interessant gewesen, Aminosäuren mit verschieden großen Molekülen zu untersuchen. Leider konnte dieser Plan der hohen Kosten wegen nicht ausgeführt werden, da die Aminosäuren mit Ringkörper wie Tyrosin, Tryptophan und Histidin sehr teuer sind. Bei der Verwendung von Ammoniumcarbonat gelang es in einem Falle, eine größere Menge (2 g) Humus zu erhalten. In 2 Versuchen mit Harnstoff und Zucker gelang es, die erhaltenen braunschwarzen Lösungen zum Ausflocken zu bringen, leider war aber die Ausbeute so gering, daß es sich nicht lohnte, sie weiter zu prüfen.

Die über dem geflockten Material stehende Flüssigkeit war noch völlig dunkel gefärbt, ein Zeichen, daß nur ein kleiner Teil ausgeflockt war. Immerhin zeigen die Versuche mit Harnstoff und Ammoniumcarbonat, daß sich die aus den Einwirkungen dieser Stoffe auf Zucker ergebenden schwarzbraunen Substanzen, wenn auch schwierig, in den kolloid-dispersen Zustand überführen lassen.

Aus diesen Vorversuchen war folgendes zu schließen:

1. Es ist nicht möglich, bei gewöhnlicher Temperatur in verhältnismäßig kurzer Zeit flockbare Humusstoffe aus Monosen mit Aminosäuren, Harnstoff oder Ammoniak zu erhalten.

2. Die günstigste Temperatur für die Darstellung derartiger Humusstoffe ist 50—60°. Bei höherer Temperatur kann leicht eine tiefgreifende Veränderung durch Abspaltung von Kohlensäure eintreten, während bei niedrigerer Temperatur die Reaktion zu langsam verläuft, man daher schlecht flockende Stoffe erhält, aus denen man die beiden Ausgangsstoffe zum Teil aus der Verbindung regenerieren kann, worauf schon *Kostytschew*[37] aufmerksam gemacht hat.

3. Am schnellsten trat Braunfärbung beim Einwirken von Ammoniak auf Zucker ein, langsamer, wenn an Stelle des Ammoniak Harnstoff oder Aminosäuren benutzt wurden. Leider ist es aber bei der Einwirkung von Ammoniak auf Zucker schwer, ein flockbares Produkt zu erzielen, während mit Aminosäuren die Darstellung von Melanoidinen leicht gelingt.

Nachdem festgestellt worden war, daß für die Darstellung der künstlichen Humusstoffe eine Temperatur von 55—60° und eine Zeitdauer der Erwärmung von 2—5 Tagen zu den besten Resultaten führt, wurden solche Melanoidine in größerer Menge bereitet. Asparagin und Glucose wurden hierzu in folgenden Verhältnissen verwendet:

Asparagin: Zucker	— 1:1	30 g	Asparagin,	30 g	Glucose
„ „	— 1:2	30 g	„	60 g	„
„ „	— 1:2,5	30 g	„	75 g	„
„ „	— 1:3	30 g	„	90 g	„
„ „	— 1:4	30 g	„	120 g	„

Diese Stoffe wurden stets in gleicher Weise verarbeitet. In kleinen Rundkolben wurden Zucker und Asparagin gemischt und in Wasser gelöst. Die Kolben wurden in einem Thermostaten auf 60° erwärmt. Nach einigen Minuten trat Gelbfärbung ein, die in blutrot überging, nach 1—2 Stunden war die Lösung dunkelbraun. Das verdunstete Wasser wurde nach Bedarf ersetzt. Nach einiger Zeit trat Gasentwicklung ein. Die Flüssigkeit wurde dann zum Verdampfen gebracht, und man erhielt eine von Gasblasen durchsetzte schwarze Masse. Bei einem Lösungsversuch soll sich diese in Wasser glatt lösen bzw. dispergieren lassen, die erhaltene Lösung soll sich mit Kalkwasser flocken lassen. Ist das der Fall, so wird die gesamte Menge des Melanoidins mit Wasser auf einige Liter aufgefüllt und mit Calciumhydroxydlösung ausgeflockt. Sollte sich die braunschwarze Masse nicht mehr mit Wasser dispergieren lassen, wird sie in verdünnter kalter Alkalicarbonatlösung gelöst, die Lösung ebenfalls auf einige Liter mit Wasser aufgefüllt und mit Salzsäure gefällt. Man läßt den entstandenen braunen voluminösen Niederschlag absetzen und hebert die überstehende Flüssigkeit vorsichtig ab; man gibt wiederum Wasser hinzu, hebert nach dem Sedimentieren weiterhin ab und wäscht auf diese Weise den Humus im Laufe von 3—4 Tagen etwa 12mal aus. Fehlingsche Lösung darf danach nicht mehr reduziert werden, auch soll bei der Prüfung mit Silbernitrat auf Chlorionen nur eine schwache Trübung auftreten. Dann wird filtriert, einen Tag lang mit destilliertem Wasser gewaschen und die feuchte Masse sofort in einen Dialysator gebracht. Eine Woche lang wird gegen destilliertes Wasser dialysiert, wobei dieses jede 3. Stunde erneuert wird. Die Arbeit des Dialysierens ist nötig, um möglichst aschefreie Stoffe zu erhalten. Darauf bringt man den Körper auf eine Nutsche, saugt scharf ab und bringt das Melanoidin auf einen Tonteller. Vorsichtig wird die oft lackartig glänzende Masse zerkleinert und in einem Mörser zu feinem Mehl zerrieben. Nun wird 10 Tage lang über konzentrierter Schwefelsäure im Vakuumexsiccator getrocknet, danach 10 Tage über Phosphorpentoxyd. Der Humus soll braun, nicht schwarz aussehen; würde man bei 60° trocknen, so erhielte man schwarze Verbindungen, die wie Zuckerkohle aussehen.

Es ergaben sich folgende Ausbeuten:

Bei dem Verhältnis von Asparagin: Zucker	= 1:1	11 g
„ „ „ „ „ „	= 1:2	16 g
„ „ „ „ „ „	= 1:2,5	15 g
„ „ „ „ „ „	= 1:3	12 g
„ „ „ „ „ „	= 1:4	28 g

Die Ausbeuten wechseln je nach der Zeitdauer des Erwärmens. Man muß den Augenblick abpassen, in dem sich alkaliunlösliche Verbindungen zu bilden beginnen; unterbricht man zu früh, so ist ein Teil noch molekular gelöst.

Neben diesen Melanoidinen wurden weiter einige natürliche und künstliche Humusstoffe dargestellt.

Ausgangsmaterial für natürliche Humusstoffe waren Kassler Braun, eine zu 85% in verdünnter Natronlauge lösliche Braunkohle, Humunit (hergestellt von der Humuskulturgesellschaft in Berlin) sowie Sickersaft, der bei der Heißvergärung des Mistes nach dem Krantzschen Verfahren reichlich gebildet wird. Außerdem wurde nach den Vorschriften von *Eller*[13] Hydrochinonhumus bereitet.

Kassler Braun* sowohl wie Humunit wurden mit verdünnter Natronlauge extrahiert. Es entstehen dabei tief dunkelbraune Lösungen, aus denen beim Versetzen mit verdünnter Salzsäure voluminöse braune Niederschläge ausfallen. Reinigung und Trocknung gingen auf demselben Wege vonstatten, wie sie bei der Darstellung der Melanoidine beschrieben worden sind. Auf diese Weise konnten 12 g Humunithumus und 45 g Huminsäure aus Kassler Braun gewonnen werden.

1 l Sickersaft wurde mit Wasser auf 5 l aufgefüllt und mit Calciumhydroxydlösung ausgeflockt. Dabei traten zuerst grauweiße Niederschläge auf, die verworfen wurden. Bei weiterem Zusatz von Calciumhydroxydlösung fiel dann eine braune voluminöse Masse aus, die als Humus weiter verarbeitet wurde. Die Reinigung und Trocknung wurde nach dem vorher beschriebenen Verfahren ausgeführt. Außerdem wurde noch ein künstlicher Humus dargestellt, und zwar *Eller*sche Hydrochinonhuminsäure**. Nach der von *Eller* und *Koch*[13] angegebenen Vorschrift wurde eine alkalische Lösung von Hydrochinon mit Kaliumpersulfat oxydiert. Nach gründlichem Reinigen und Trocknen wurden 30 g dieser Huminsäure erhalten.

Die Ermittelung des Kohlenstoffgehaltes des Humus erfolgte durch Elementaranalyse. Die mit Kupferoxyd gemischten Humusstoffe wurden im Schiffchen verbrannt. Zuerst wurde im geschlossenen Rohr gearbeitet, um die Stickstoffanteile an der vorgelegten Kupferspirale zu reduzieren, darauf im Sauerstoffstrom. Bei der Verbrennung im Luftstrom ergaben sich ungenaue Analysenergebnisse, bei der Verwendung von Sauerstoff stimmten die erhaltenen Werte dagegen ziemlich gut überein. Die Stickstoffanteile wurden nach dem Kjeldahl-Verfahren ermittelt, wobei beobachtet werden konnte, daß sich die Asparagin-Zuckerhumusstoffe in konzentrierter Schwefelsäure schwerer lösten als natürlicher Humus, auch schwieriger als die *Eller*schen Huminsäuren.

---

* Kassler Braun wurde von der Firma Habichts Söhne, Veckerhagen a. d. W., bezogen. Auch an dieser Stelle möchte ich meinen Dank für das Überlassen des Materials aussprechen.

** Hydrochinominsäure wurde mir von Herrn Prof. Dr. *Eller freundlichst* zur Verfügung gestellt; auch an dieser Stelle erlaube ich mir meinen ehrerbietigsten Dank dafür auszusprechen. Bei der Herstellung von Hydrochinonhumus arbeitete ich mit stickstofffreiem Persulfat und erhielt so stickstofffreie Humussäuren.

Die erhaltenen Kohlenstoff- und Stickstoffanteile sind in der folgenden Tabelle zusammengestellt.

Ausgangsmaterial	Zucker $(NH_4)CO_3$	Asparagin und Zucker 1:4	1:3	1:2,5	1:2	1:1
Kohlenstoffproz.	56,6	55,3	53,7	54,4	53,9	53,1
	56,7	55,5	53,0	54,7	53,6	53,3
Stickstoffproz. .	5,58	5,8	6,36	7,89	8,3	8,7
	5,60	5,8	6,40	7,83	8,6	8,9

Ausgangsmaterial	Sickersaft	Humunit	Kassler Braun	Hydrochinon
Kohlenstoffproz.	45,3	54,1	54,6	57,6
	45,5	54,3	54,4	57,4
Stickstoffproz. .	3,4	1,86	0,58	—
	3,3	1,90	0,61	—

2. *Die Zersetzung der Humusstoffe.*

In landwirtschaftlicher Beziehung versteht man unter Humus nicht einen einheitlichen Stoff, sondern ein Gemenge stickstoffhaltiger und stickstofffreier organischer Substanzen. Dagegen wird in der Kohlenchemie nach einer stickstofffreien Huminsäure als dem Grundstoff des Humus gesucht. Die Bildung des Acker- und Wiesenhumus verläuft meist unter völlig anderen Verhältnissen, als es bei der Moorbildung der Fall ist. Schon hieraus geht hervor, daß im Boden ein in chemischer und biologischer Hinsicht verschiedener Humus zur Entstehung gelangen muß.

Die Kohlehydrate und das Eiweiß pflanzlicher und tierischer Herkunft werden schneller oder langsamer, je nach den Boden- und Klimaverhältnissen, zersetzt. Dieser Abbau der kompliziert zusammengesetzten organischen Massen führt über die Humusbildung zur völligen Mineralisation. In der Definition des Begriffes „Humus", wie sie von *v. Rosenberg-Lipinski*[64] gegeben wurde, kommt die ständige Veränderung des Humus recht gut zum Ausdruck; sie lautet:

„Hiernach hat man sich unter dem Gesamtausdruck Humus ein Gemenge von braunen, zum Teil löslichen, zum Teil unlöslichen, zum Teil sauren, zum Teil neutralen Verwesungsprodukten zu denken, welche bei Gegenwart von Luft, Wasser und Wärme ununterbrochen eine weitere Zersetzung erfahren und dabei Kohlensäure, Wasser und etwas Ammoniak entwickeln."

Durch die von den Mikroben bewirkte Zersetzung der organischen Bestandteile kommt den Pflanzen eine ständig fließende Nährstoffquelle zugute; auf diesem Wege werden im Boden Nitrate, Phosphate und Kohlensäure gebildet. Diese biochemischen Umsetzungen sind naturgemäß abhängig von der Menge der in Frage kommenden Stoffe;

das Verhältnis von Kohlenstoff zu Stickstoff und Phosphor, aber auch das Verhältnis der Mengen der beiden letztgenannten Nährstoffe sind für den Verlauf der Umsetzungen maßgebend.

Bei der Bestimmung des Düngerbedürfnisses eines Bodens sind diese Umwandlungen organischer Stoffe in anorganische Verbindungen weitgehend in Betracht zu ziehen. Die Bestimmung des Phosphorsäurebedarfs eines Bodens muß meines Erachtens dem biologischen Zustand desselben Rechnung tragen. Die in den organischen Bestandteilen eines Bodens befindlichen Phosphorsäuremengen sind schnelleren Umsetzungen unterworfen als die anorganischen Phosphate, bei denen es sich meist nur um physikalisch-chemische Lösungsgleichgewichte handeln kann. Diese biochemischen Gesichtspunkte müssen z. B. bei der Anwendung der Keimpflanzenmethode von *H. Neubauer* mit in Betracht gezogen werden. So fand *B. Dirks*[9] bei Untersuchungen über die durch die Keimpflanzenmethode erfaßten Phosphatmengen bei ansteigendem Kalkgehalt desselben Bodens ein Maximum der Phosphate bei einer Erdreaktion entsprechend p_H 6,0—7,5, also in dem Bereich der stärksten Bakterientätigkeit, während sie bei einer geringeren Wasserstoffionenkonzentration naturgemäß, aber ebenso bei saueren Boden (p_H 4,2 bis 5,2) geringere Mengen an aufnehmbarer Phosphorsäure fanden, obwohl, rein chemisch betrachtet, bei höherer Wasserstoffionenkonzentration die Lösung anorganischer Phosphate gesteigert werden müßte. Allerdings muß man hierbei in Betracht ziehen, daß bei einer Reaktion des Bodens von p_H 6 bis p_H 7,5 die durch die Zersetzung organischer Stoffe bedingte Bildung von Kohlensäure am stärksten ist und diese lösend auf die anorganischen Phosphate einwirkt, und daß aber andererseits in dem Intervall von p_H 6 bis p_H 7,5 die Nitrifikation am lebhaftesten vonstatten geht*. *Kross*[39] wies kürzlich darauf hin, daß Nitrate das Ergebnis der Keimpflanzenanalyse verändern können.

Man ersieht aus diesen Darlegungen, daß eine durchgreifende biologisch-chemische Durcharbeitung der Keimpflanzenmethode nötig ist und daß man bei dieser „physiologischen Bodenuntersuchung“ nicht mit einer rein physikalisch-chemischen Methode auskommt. Die biochemischen Umsetzungen der organischen Stickstoff- und Phosphorverbindungen müssen bei diesen Untersuchungen über die Bodennährstoffe mit in Betracht gezogen werden. Man muß *Selman A. Waksman*[80] beipflichten, wenn er schreibt: „A knowledge of the formation, nature

* Bei Untersuchungen von Böden mit verschiedenem Kalkgehalt muß bei sauerer und alkalischer Reaktion mit einer Schädigung der Roggenwurzeln und einer Hemmung der physiologischen Tätigkeit des Roggens gerechnet werden, allerdings sind wir über die exakten Größen der schädigenden Wirkung von sauerer und alkalischer Reaktion auf die Pflanzenwurzeln noch nicht genügend unterrichtet.

and decomposition of soil organic matter is the most important and most outstanding need of soil science.“

Die Umsetzung des Bodenhumus kann am besten durch die Bestimmung der Endprodukte der Zersetzung erfolgen. Einmal kann man die Kohlensäureproduktion messen, andererseits auch die Nitratbildung; die Phosphatbildung aus organischer phosphathaltiger Substanz führt meist nicht zu eindeutigen Ergebnissen, weil die im Verhältnis zu Stickstoff und Kohlenstoff geringen Phosphormengen durch im Boden auftretende Synthesen organischer Stoffe prozentual größeren Schwankungen unterworfen sind als Stickstoff und Kohlenstoff. Der neben den Abbauvorgängen verlaufenden Neubildung von Eiweißstoffen muß bei diesen Vorgängen allerdings Rechnung getragen werden. Neben der chemischen Analyse ist demzufolge eine genaue bakteriologische Untersuchung notwendig, um zu eindeutigen Ergebnissen zu gelangen.

Die organische Substanz des Bodens, die einen erheblichen Teil derjenigen Stickstoffmengen, die für die Pflanzenproduktion nötig sind, in Form von Nitraten zur Verfügung stellt, begünstigt die Stickstoffbindung des elementaren Luftstickstoffs durch Bakterien, wodurch weiterhin das Stickstoffkapitel des Bodens vergrößert wird. *Krzemieniewski*[40] sowohl wie *Löhnis* und *Pillai*[50] und *Löhnis* und *Green*[49] konnten gesteigerte Stickstoffbindung beobachten, wenn dem Nährsubstrat Humus zugesetzt worden war.

Da nun aber bei verschiedenen Humusarten — Bodenhumus, Gründüngerhumus, Stallmisthumus und Moorhumus — die durch die Mikroben festgelegten Stickstoffmengen variieren, so ist auch auf diese Weise eine qualitative Analyse der Humusarten möglich. *K. Liesche*[45] fand übrigens ebenso wie *Krzemieniewski*[40] lebhaftere Stickstoffbindung bei natürlichen als bei künstlichen Humusarten.

a) Die Bildung von Kohlensäure.

Im allgemeinen wird man heute die Nitrifikationskraft eines Bodens als Maßstab für die biologische Tätigkeit vor der Bestimmung der Kohlensäureproduktion bevorzugen, weil die Endprodukte der Stickstoffumsetzungen, die Nitrate, chemisch leichter zu erfassen sind als das Endprodukt der Kohlenstoffumsetzungen, die Kohlensäure. Versuche, die Kohlensäureproduktion zu messen, sind bereits in beträchtlicher Anzahl ausgeführt worden. Es beschäftigten sich mit dieser Frage u. a.: *Wollny*[84], *J. Stoklasa*[74], *Hesselink van Suchtelen*[28—30], *S. A. Severin*[71], *R. L. Starkey*[72], *Waksman* und *Starkey*[81], *J. R. Neller*[56], *R. S. Potter* und *R. S. Synder*[61] sowie *Lemmermann* und dessen Mitarbeiter[44].

Es hat sich bei fast allen derartigen Arbeiten gezeigt, daß in den ersten Tagen nach dem Beginn des Versuches die größte Menge Kohlensäure abgeschieden wurde, allerdings mit der Einschränkung, daß bei leicht zersetzlichen Stoffen das Maximum schneller erreicht wurde als bei schwer zersetzlichen Substanzen. So fand *Hesselink van Suchtelen*[28] bei der Zersetzung von Wickenstroh in Sand am 7. und 8. Tage die stärkste Kohlensäurebildung, bei den Versuchen von *Severin*[71] erfolgte am 5.—10. Tage die stärkste Kohlensäureproduktion aus Böden, denen organische Stoffe nicht zugesetzt wurden. Bei Versuchen von *Starkey*[72] trat die größte Menge Kohlensäure am 1. Tage des Versuchs, bei der Zersetzung relativ schwer angreifbarer Stoffe, wie Luzernemehl und Roggenstroh auf.

In seinen letzten Arbeiten über Kohlenstoffumsetzungen im Boden versuchte *Hesselink van Suchtelen*[29, 30] den Humusabbau nicht durch die Kohlensäurebildung zu verfolgen, sondern durch die Messung der Wärme, die bei der Zersetzung des Humus frei wird. Er fand am 4. bis 5. Tage die höchste Temperatursteigerung, die Temperatur sank dann gleichmäßig und zeigte nach ungefähr 4 Wochen einen annähernd konstanten Wert. Bei dem Versuch wurden 9500 cal. frei, die bei einem Verbrennungswert des Humus von 4800 cal. annähernd einem Abbau von 4% der organischen Stoffe entsprechen.

Waksman und *Starkey*[81] unterscheiden die „respiratory power of soil" und die „decomposing power of soil". Die erstere hängt von der Zahl und der Art der Mikroben, der Höhe der organischen Substanz sowie von der chemischen und physikalischen Beschaffenheit des Bodens ab, während die „decomposing power of soil" durch den in einer bestimmten Zeit bewirkten prozentualen Abbau einer hinzugefügten organischen Substanz bestimmt wird. *Stoklasa*[74] sowohl wie *Waksman* und *Starkey*[81] versuchten den Wert eines Bodens durch dessen Kohlensäureproduktion zu kennzeichnen. Nach *Stoklasa* soll 1 kg eines armen Bodens 8—14 mg Kohlensäure in 24 Stunden bilden, ein Durchschnittsboden ungefähr 30 mg, während ein guter Boden 56—68 mg Kohlensäure pro 1 kg bildet.

Zur Messung der Kohlensäureentwicklung wurde folgende Apparatur zusammengestellt:

100 g Erde mit 1% Humuszusatz wurden in einen Rezipienten gebracht, der aus einer 20 cm langen und 3 cm weiten Glasröhre bestand, die an beiden Enden mit durchbohrten Gummistopfen verschlossen wurde. Auf der einen Seite wurde der Rezipient durch eine dünne Glasröhre mit einem Calciumchloridröhrchen verbunden, vor welches der Kaliapparat geschaltet wurde, der zur gravimetrischen Bestimmung der Kohlensäure diente. Der zweite Gummistopfen trug das Luftzuführungsrohr. Mit Hilfe eines Gasometers wurde ein Luftstrom durch den Rezipienten geschickt, der die gebildete Kohlensäure in den vorgelegten Kaliapparat führte. Die Luft wurde, bevor sie den Rezipienten erreichte, in einem Natronkalkturm von Kohlensäure befreit. Um die Luft wieder anzufeuchten, wurde sie durch Barytwasser geleitet, wobei

man sich gleichzeitig überzeugen konnte, daß die Kohlensäure im Natronkalkturm restlos absorbiert worden war. Um nebeneinander mehrere Versuche gleichzeitig ausführen zu können, wurden 10 Glasröhren auf einem passenden Gestell nebeneinandergelegt, durch kurze, nahtlose Gummischlauchstücke miteinander verbunden und alle an ein Luftzuführungsrohr angeschlossen. An den einzelnen Verbindungsstücken wurden Klemmschrauben angebracht, so daß die Luftzufuhr derart geregelt werden konnte, daß die Luft jeweils nur einen Rezipienten passierte. Die Chlorcalciumröhrchen wurden, wenn die Luftzufuhr unterbunden war, verschlossen. Die Apparatur wurde wöchentlich zweimal auf Dichtigkeit untersucht. Die Kohlensäuremessung wurde auf 20 Tage ausgedehnt; in der 1. Woche wurde an jedem Tage gemessen, in der 2. und 3. Woche genügte es, die Kohlensäurebestimmung jeden 2. Tag vorzunehmen. Der Fehler, der dadurch entsteht, daß beim Füllen der Rezipienten kohlensäurehaltige Luft miteingeschlossen wird, kann vernachlässigt werden. Das Fassungsvermögen der verwendeten Glasröhren betrug annähernd 150 ccm; nach *K. A. Hofmann*[31] enthält 1 cbm Luft etwa 0,6—0,7 g Kohlensäure, demnach ist höchstens mit einem Fehler von 0,1 mg Kohlensäure zu rechnen, der sich noch dadurch vermindert, daß ungefähr die Hälfte des Raumes durch Erde ausgefüllt war.

Die Erde, die zu den Versuchen zur Verwendung kam, wurde angefeuchtet und enthielt dann ungefähr 13,5—14% Wasser. Zu 100 g Erde wurde 0,1 g primäres Kaliumphosphat, 0,05 g Kaliumnitrat und 1 g Calciumcarbonat zugesetzt.

Der Humusgehalt der Böden wurde nach verschiedenen Methoden festgestellt. Einmal wurde hierzu die Elementaranalyse benutzt; des weiteren wurde nach der Chromsäuremethode von *Gehring*[22] gearbeitet. Zum Vergleich wurde noch die Glühverlustbestimmung herangezogen, und schließlich wurde der Rückstand der Elementaranalyse bestimmt, denn dieser gibt ja auch den Verlust an organischer Masse an. Auf dieselbe Weise wurde ein stark humoser Sandboden aus der Lüneburger Heide analysiert. Dabei wurden folgende Zahlen ermittelt:

Material	Elementar-analyse %	Chromsäure-verfahren %	Glühverlust %	Rückstand der Elementar-analyse %
Erde aus Domsen. . .	2,81	2,75	2,95	3,03
	2,79	2,78	3,01	3,05
Heidehumus	8,26	8,20	6,65	8,63
	8,29	8,22	6,50	8,58

Die Resultate zeigen gute Übereinstimmung der Elementaranalyse mit den nach der Methode von *Gehring* erhaltenen Werten. Da die Chromsäuremethode aber in viel kürzerer Zeit auszuführen ist als die

Elementaranalyse, so ist die erstere im Gebrauch vorzuziehen. Die Glühverlustberechnung zeigte bei dem tonigen Domsener Boden naturgemäß einen zu hohen Humusgehalt an, dagegen lieferte die Glühverlustbestimmung des Heidehumus eigenartigerweise einen zu niedrigen Wert. Diese Tatsache kann dadurch erklärt werden, daß beim Glühen des Heidehumus in dem Porzellantiegel Sauerstoffmangel eintrat, wodurch ein Teil des Humus zu kohleartigen Verbindungen reduziert worden ist, die sich gegen weiteres Glühen recht widerstandsfähig zeigten. Der Rückstand der Elementaranalyse gab in jedem Fall einen zu hohen Wert an und ist für die Humusbestimmung aus diesem Grunde nicht zu verwenden; sonst hätte man daran denken können, die bei der Elementaranalyse eines Bodens zurückbleibende Masse als Kontrollversuch auszuwerten. Ein anderer Boden enthielt 2,23% Humus, nach dem Bichromatschwefelsäureverfahren bestimmt.

Für die Bestimmung der Kohlensäureentwicklung aus zugesetzten Humusstoffen war der verwendete Boden wegen seines ziemlich hohen Gehalts an organischer Masse nicht sonderlich geeignet. Es wurde deshalb in einigen Versuchen die Erde mit Sand im Verhältnis von 4 : 6 gemischt. Diese Erde trocknete aber während des Versuches zu schnell aus, während der mit Sand nicht vermischte Boden am Ende des Versuches nie mehr als 0,5% Feuchtigkeit verloren hatte. Aus diesem Grunde fand der tätige Domsener Boden trotz seines relativ hohen Humusgehaltes Verwendung. Zu jeder Versuchsreihe wurde ein blinder Versuch eingefügt, der die „respiratory power of the soil" angeben sollte. Einmal wurden 31 und im Kontrollversuch 27 mg Kohlensäure während 20 Tagen festgestellt, in einem späteren Versuch sogar nur 22 bzw. 26 mg Kohlensäure, während ein im Sommer durchgeführter Versuch 50 bzw. 60 mg Kohlensäure lieferte. Die erhaltenen Zahlen sind vor allem abhängig von der Temperatur; der erste Versuch ging bei einer Durchschnittstemperatur von 16° vonstatten, der zweite wurde bei niedrigerer Temperatur, im Durchschnitt 12°, durchgeführt. Der zuletzt erwähnte Versuch wurde bei einer Temperatur von 20° und darüber angestellt. *E. Wollny*[85] konnte in einem interessanten Versuch zeigen, daß die Schwankungen der Kohlensäureproduktion bei verschiedenen Temperaturen sehr beträchtlich sein können. Er fand:

Wassergehalt des Bodens (Komposterde)	Vol. CO_2 in 1000 Vol. Bodenluft Bodentemperatur				
	10°	20°	30°	40°	50°
%	%	%	%	%	%
6,79	2,03	3,22	6,86	14,49	25,17
26,79	18,38	54,24	63,50	80,06	81,52

Man ersieht aus diesem Versuch, daß gerade zwischen 10 und 20° große Unterschiede auftreten, während sich die Kohlensäureproduktion bei höherer Temperatur naturgemäß langsam einem Maximum nähert. Leider stand kein Thermostat zur Verfügung, in dem alle Versuche bei gleicher Temperatur hätten durchgeführt werden können.

Als Vorversuch wurde die Zersetzung von Zucker untersucht. Die Kohlensäuremengen, die hierbei täglich gebildet wurden, ergaben ein völlig anderes Bild des Reaktionsverlaufes als es sich bei der Humuszersetzung später zeigte. Beim Zucker war die in den ersten Tagen gebildete Kohlensäuremenge gering, nach ungefähr 6 Tagen vergrößerte sie sich, bis zum 12. Tage hielt dann die Steigerung an. Am Schluß nach 12 Tagen wurde in dem einen Fall 47 mg, in einem anderen Fall 27 mg Kohlensäure pro Tag gemessen. Als die Röhren geöffnet wurden, roch die Erde deutlich nach Fettsäureestern und etwas nach Buttersäure. Die Reaktion des Erdgemisches war während der 12 Tage von p_H 6,3 auf p_H 4,5 herabgedrückt worden. Es waren also aus dem Zucker zunächst organische Säuren gebildet worden, die dann von Pilzen kräftig zersetzt wurden. Die Zersetzung der Humusstoffe verlief wesentlich anders. Die größten Kohlensäuremengen wurden am 1. Tage gemessen, dann ließ die Kohlensäureentwicklung langsam nach, bis nach ungefähr 10 Tagen eine gleichmäßige, weiterhin sehr allmählich fallende Kohlensäureproduktion festgestellt wurde; *Hesselink van Suchtelen*[30] fand am 2. Tage ein Minimum, am 4. und 5. Tage ein Maximum und erhielt vom 20. Tage ab eine gleichmäßig verlaufende Kurve. Die aus Zucker und Aminosäuren dargestellten Humusstoffe sowie der Humus aus Humunit verhielten sich sehr ähnlich in bezug auf Verlauf und Stärke der Kohlensäureproduktion. Als wenig zersetzlich mußte dagegen der Humus aus Kassler Braun, aus Sickersaft und die aus Hydrochinon von *Eller* und *Koch* dargestellten Huminsäuren bezeichnet werden. Die Kohlensäureentwicklung wäre vielleicht größer gewesen, wenn frisch bereitetes Material verwendet worden wäre. Zwischen Herstellung und biologischer Prüfung lagen 3—6 Monate; es ist aber eine bekannte Tatsache, daß getrocknete Huminsäuren mit der Zeit immer unlöslicher in Laugen werden. *Ruckdeschel*[65] versuchte diese Tatsache durch irreversible Entquellung zu erklären; nach *Fuchs* und *Leopold*[20] verläuft diese Erscheinung ähnlich wie bei Tonerde und deren Hydraten, die *Willstaetter* und *Kraut*[83] untersuchten. Hier ist Wasser einmal Dispersionsmittel, weiter aber auch ein wesentlicher Bestandteil des Moleküls. Infolge der Veränderung der Konzentration des Dispersionsmittels Wasser kommt es zu einer Wasserabspaltung, die zu veränderten Verbindungen führt. Hand in Hand mit der verminderten Löslichkeit verringert sich auch die Zersetzlichkeit der Substanzen durch Mikroorganismen. Die täglich entwickelten Kohlensäuremengen sind am Ende der Arbeit zusammengestellt (Tab. 1). Der Abbau des Humuskohlenstoffs betrug bei den künstlich aus Zucker und Aminosäuren hergestellten Melanoidinen etwa das Dreifache gegenüber den schwer zersetzlichen natürlichen Humusstoffen aus Kassler Braun und aus Sickersaft. Das Ergebnis dieser Untersuchung ist in der folgenden Übersicht zusammengefaßt:

Humusart	In mg entwickelte Menge Kohlensäure		In % der Gesamtmenge	
	a	b	a	b
Asparagin: Zucker — 1:4 . . .	74	66	3,6	3,2
„ „ — 1:3 . . .	65	51	3,3	2,6
„ „ — 1:2,5 . . .	43	29	2,1	1,5
„ „ — 1:2	72	62	3,5	3,2
„ „ — 1:1	42	31	2,1	1,6
Humunithumus	61	56	3,1	2,8
Sickersafthumus	23	19	1,5	0,96
Kassler Braun	25	16	1,3	0,95
Hydrochinonhumus	35	27	1,7	1,3

Es blieb zu prüfen, ob vielleicht im Boden Kohlensäure als Bicarbonat zurückgehalten worden war. *Lemmermann*[44] fand bei Versuchen über die Zersetzung von Wickenheu in den gekalkten Böden nur eine unerhebliche Menge Kohlensäure mehr als bei den ungekalkten Versuchsböden, nämlich nur 5 mg. Rechnete er aber die möglicherweise im Boden als Bicarbonat gebundenen Mengen Kohlensäure zu den gefundenen hinzu, so wurden die Ergebnisse für die Zersetzung des Wickenheus in den mit Kalk behandelten Böden bedeutend höher. *Potter* und *Snyder*[61] fanden ebenfalls in Versuchsreihen mit gekalkten Böden nur eine geringe Vermehrung der Kohlensäureentwicklung. Allerdings haben sie auch eine exakte Untersuchung auf Bicarbonat im Boden versäumt. *Waksman* und *Starkey*[81] konnten dagegen bei Verwendung gekalkter Böden gegenüber ungekalkten eine vermehrte Kohlensäureproduktion feststellen.

Um zu untersuchen, ob Kohlensäure am Ende des Versuches als Bicarbonat im Boden gefunden worden war, wurde die Carbonatkohlensäure zu Beginn und am Ende des Versuches neben dem in organischer Bindung vorliegenden Kohlenstoff ermittelt. Die Kohlenstoffbestimmung wurde durch eine Verbrennung mit Bichromatschwefelsäure in dem von *Gehring*[22] angegebenen Apparat ausgeführt. Um beide Bestimmungen in einem Arbeitsgange durchführen zu können, wurde der Verbrennungskolben mit einem Tropftrichter versehen, der wiederum mit dem Luftgasometer verbunden wurde. Der Kolben wurde mit einer größeren Menge Glaskugeln versehen, um das lästige Stoßen zu vermindern, 10—15 g Boden wurden genau abgewogen, in den Kolben gefüllt und mit 200 ccm Wasser übergossen. Nachdem der Verbrennungskolben verschlossen worden war, wurde der Kaliapparat angeschaltet und aus dem Tropftrichter langsam 10 ccm konzentrierte Schwefelsäure hinzugegeben. Nach der ersten stürmischen Kohlensäureentwicklung wurde der Kolben vorsichtig 5 Min. erhitzt und darauf 30 Min. unter ständiger Durchleitung von kohlensäurefreier Luft erkalten gelassen. Der Kaliapparat wurde nach dieser Zeit gewogen und wieder vorgeschaltet, worauf 10 g Bichromat durch Aufheben des Kolbeneinsatzes hinzugefügt wurden. Die Reaktion setzte erst nach weiterem Hinzufügen von 30 ccm konzentrierter Schwefelsäure ein; es ging während des schnellen Einfüllens des Bichromats keine Kohlensäure verloren; der durch das Aufheben des Kühlers bedingte Fehler durch Eintritt von Luftkohlensäure belief sich bei Kontrollversuchen auf 0,2—0,4 mg, die vernachlässigt werden konnten. Nach der Vorschrift von *Gehring*[22] wurde der Inhalt des Verbrennungskolbens eine Stunde lang zum Sieden erhitzt. Die Bestimmung des Kohlenstoffs der organischen Bodenbestandteile kann nach der Methode von *Gehring* zu recht genauen Werten führen, oft erhält man sehr gut übereinstimmende Resultate, manchmal schwanken sie allerdings, was bei der Heterogenität des Bodens nicht verwunderlich ist. So wurden bei der Bestimmung der organischen Masse verschiedener Böden folgende Mengen Kohlensäure gefunden:

	CO_2 in Proz. a	CO_2 in Proz. b
1. Boden	2,10	2,08
2. „	4,24	4,28
3. „	3,95	3,97
4. „	6,70	6,69
5. „	5,78	5,77

Auch die als Carbonat vorhandene Kohlensäure ließ sich recht genau bestimmen; es wurden bei verschiedenen Erden folgende Mengen Carbonatkohlensäure gefunden:

	CO_2 in Proz. a	CO_2 in Proz. b
1. Boden	0,26	0,25
2. „	0,26	0,27
3. „	0,27	0,27
4. „	0,30	0,29

Wurde allerdings der Verbrennungskolben nach *Gehring* ohne aufgesetzten Tropftrichter verwendet, so fielen die Bestimmungen der anorganisch gebundenen Kohlensäure wesentlich schlechter aus; so wurde bei verschiedenen Böden erhalten:

	CO_2 in Proz. a	CO_2 in Proz. b
1. Boden	0,18	0,15
2. „	0,15	0,18
3. „	0,13	0,19

Der Gehringsche Verbrennungskolben ist nicht für die Bestimmung der anorganisch gebundenen Kohlensäure gedacht, der Verlust tritt während des Einfüllens der Schwefelsäure ein. Läßt man aber die Schwefelsäure durch einen Tropftrichter hinzutropfen, so ist, wie die angeführten Zahlen zeigen, die Bestimmung der anorganisch gebundenen Kohlensäure und des Humusgehaltes des Bodens im Gehringschen Verbrennungskolben in einem Arbeitsgang möglich.

Bei der Untersuchung der Böden, die bei den Versuchen über die Zersetzung des Humuskohlenstoffs verwendet worden waren, zeigte es sich, daß die Menge der anorganischen Kohlensäure im Boden am Ende des Versuchs nicht größer war als zu Beginn. Daraus darf gefolgert werden, daß durch die relativ starke Lüftung die intermediär entstandenen Bicarbonate immer wieder in Carbonate und Kohlensäure gespalten worden sind. Das Bicarbonat hat einen gewissen Kohlensäuredruck; ist nun die durch den Boden geleitete Luft kohlensäurefrei, so wird sich stets ein Gleichgewicht von Kohlensäure, Bicarbonat und Carbonat einstellen. Wenn man die Kohlensäure immer wieder fort führt, so muß naturgemäß der Prozeß bis zur völligen Zersetzung de- Bicarbonats in Carbonat und Kohlensäure fortschreiten. Die Ergebnisse der Untersuchung zweier Versuchsböden sind in der folgenden Tabelle zusammengestellt:

Tabelle 1. *Übersicht über die Kohlenstoffbestimmungen zweier Versuchsböden.*

Art des zugesetzten Humusstoffes		Kohlenstoff in organischer Bindung in 100 g Boden + 1 g Humus					Kohlenstoff in anorganischer Bindung in 100 g Boden + 0,3 g kohlensaurer Kalk				
		Vor dem Versuch		Nach dem Versuch			Vor dem Versuch		Nach dem Versuch		
		Gefundene Menge CO_2 in g Mittelwert	Kohlenstoff in g Mittelwert	Gefundene Menge CO_2 in g	Kohlenstoff in g	Differenz der zwei Kohlenstoffbestimmungen	Gefundene Menge CO_2 in g Mittelwert	Kohlenstoff in g Mittelwert	Gefundene Menge CO_2 in g	Kohlenstoff in g	Differenz der beiden Kohlenstoffbestimmungen
Asparagin : Zucker = 1 : 4	a	6,12	1,67	5,78	1,58	—0,09	0,274	0,075	0,265	0,072	—0,003
				5,77	1,58	—0,09	—	—	0,258	0,070	—0,005
	b	6,12	1,67	5,45	1,49	—0,18	0,274	0,075	0,260	0,071	—0,004
		—	—	5,45	1,49	—0,18	—	—	0,270	0,074	—0,001
Humus aus Kassler Braun	a	6,09	1,66	5,96	1,63	—0,03	0,274	0,075	0,269	0,073	—0,002
		—	—	5,85	1,60	—0,06	—	—	0,270	0,074	—0,001
		—	—	6,20	1,69	+ 0,03	—	—	0,277	0,076	+ 0,001
	b	6,09	1,66	5,93	1,62	—0,04	0,274	0,075	0,288	0,079	+ 0,004
		—	—	6,01	1,64	—0,02	—	—	0,282	0,077	+ 0,002

b) Die Bildung von Nitraten.

Die Humusarten, die aus Zucker und Asparagin dargestellt, sowie diejenigen, die aus natürlichem organischen Material gewonnen worden waren, wurden der Nitrifikation unterworfen. Ein humusreicher Heidesand, der neben ungefähr 90% Sand und 8,2% organischer Substanz 0,18% Stickstoff enthielt, wurde zu diesen Versuchen zum Vergleich

Tabelle 2. *Übersicht über die Kohlenstoffzersetzung der Humusstoffe: Kohlensäureentwicklung in mg je Tag.*

Humusart*

Tag	Asp.: Z. = 1 : 4 a	Asp.: Z. = 1 : 4 b	Asp.: Z. = 1 : 3 a	Asp.: Z. = 1 : 3 b	Asp.: Z. = 1 : 2 a	Asp.: Z. = 1 : 2 b	Sickersaft a	Sickersaft b	Hydrochinonhuminsäure a	Hydrochinonhuminsäure b	Kassler Braun a	Kassler Braun b	Blinder Versuch 1 a	Blinder Versuch 1 b
1.	17	13	15	19	20	18	10	12	8	10	13	9	4	2
2.	9	15	10	13	13	10	5	5	5	4	4	6	3	2
3.	8	9	7	5	7	5	2	2	3	4	3	3	2	1
4.	5	7	3	9	12	5	4	5	4	6	4	5	1	3
5.	8	6	7	7	5	6	3	3	4	6	4	2	3	2
6.	5	5	3	5	4	4	3	1	4	3	3	2	2	1
7.	4	5	3	4	4	4	2	2	3	3	3	1	1	1
8.	4	4	2	4	4	5	3	2	2	2	3	2	2	2
9.	4	3	4	3	3	3	2	2	4	3	3	3	2	2
10.	4	3	4	3	3	3	2	2	4	3	2	2	1	1
11.	5	2	4	3	4	3	4	3	3	2	1	1	1	1
12.	4	3	3	3	3	4	2	1,5	2	2	2	1	1	1
13.	4	3	3	2	3	4	2	1,5	2	2	1	1	1	1
14.	4	3	2	2	3	4	2	1,5	2	1	2	1	1	1
15.	4	3	2	2	1	3	2	1,5	2	1	1	1	1	1
16.	3	3	2	2	3	2	1	1	3	1	1	1	1	1
17.	3	3	2	2	3	2	1	0,5	3	1	1	1	1	1
18.	3	3	2	2	2	2	1	0,5	2	1	1	1	1	1
19.	2,5	1	1	2	2	2	0,5	0,5	2	0,5	1	1	1	1
20.	2,5	1	1	2	2	2	0,5	0,5	2	0,5	1	1	1	1
Insgesamt	108	95	80	94	101	91	52	48	64	56	54	45	31	27
Abzüglich Blindwert	74	66	51	65	72	62	23	19	35	27	25	16	—	—
Mittelwert	70 mg		58 mg		67 mg		21 mg		31 mg		20 mg		29 mg	

Tag	Humusnithumus a	Humusnithumus b	Asp.: Z. = 1 · 2,5 a	Asp.: Z. = 1 · 2,5 b	Asp.: Z. = 1 : 1 a	Asp.: Z. = 1 : 1 b	Blinder Versuch 2 a	Blinder Versuch 2 b	Asp.: Z. = 1 : 2,5 a	Asp.: Z. = 1 : 2,5 b	Zuckerzersetzung a	Zuckerzersetzung b	Blinder Versuch 3 a	Blinder Versuch 3 b
1.	20	26	16	10	15	9	8	2	14	10	3	3	8	7
2.	8	4	8	7	5	5	2	3	14	8	10	6	11	7
3.	4	7	3	2	4	7	1	1	16	2	10	5	6	4
4.	8	2	7	3	4	4	2	2	12	7	8	6	1	2
5.	6	2	3	5	2	4	1	1	12	9	10	5	2	5
6.	4	2	2	1	1	2	—	1	10	19	5	18	7	6
7.	3	2	2	1	1	5	—	1	13	6	4	21	4	4
8.	5	4	1	2	2	2	1	—	10	10	10	29	5	6
9.	4	2	1	2	1	1	—	1	17	9	17	29	6	3
10.	2	1	1	1	1	1	1	—	11	6	14	33	4	4
11.	1	2	2	1	1	—	1	1	8	7	30	33	3	3
12.	1	1	2	1	1	3	1	2	7	5	27	47	3	3
13.	1	3	3	2	—	4	1	2	—	—	—	—	—	—
14.	4	3	2	2	2	2	1	2	—	—	—	—	—	—
15.	3	3	2	3	3	2	1	2	—	—	—	—	—	—
16.	2	4	3	2	3	2	1	2	—	—	—	—	—	—
17.	2	4	2	3	2	4	2	1	—	—	—	—	—	—
18.	2	3	3	2	3	3	1	—	—	—	—	—	—	—
19.	3	3	2	3	2	3	1	1	—	—	—	—	—	—
20.	2	2	2	2	2	2	1	1	—	—	—	—	—	—
Insgesamt	85	80	67	53	55	66	22	26	144	96	148	235	60	54
Abzüglich Blindwert	61	56	43	29	31	42	—	—	—	—	—	—	—	—
Mittelwert	59 mg		36 mg		37 mg		24 mg		—		—		—	

* Anmerkung: Z. = Zucker (Glucose), Asp. = Asparagin = Aminobernsteinsäuremonamid.

mit herangezogen. Je 1 g der verschiedenen Humuspräparate wurde in 500 g eines Erde-Sand-Gemisches verteilt, in flachen Schalen ausgebreitet und von Zeit zu Zeit vorsichtig durchfeuchtet. Nach 6 Wochen wurde die Nitratbestimmung vorgenommen. Die Nitrate wurden nach Behandlung mit Phenolschwefelsäure in alkalischer Lösung colorimetrisch bestimmt. *H. Glathe*[23] hat diese Methode kürzlich genau beschrieben. Bei verschiedenen Humusarten, die in genügenden Mengen vorhanden waren, wurde Kalk in gestaffelten Gaben zugefügt, und zwar wurden dem Erde-Sandgemisch jedesmal 0,3, 0,5, 1,0 bzw. 1,5 g Kalk beigemengt. In denjenigen Fällen, wo nur ein Versuch durchgeführt werden konnte, wurde dem Boden 0,5 g Calciumcarbonat zugesetzt. Der Heidehumus wurde nach der Methode von *Baumann* und *Gully* auf seinen Säuregrad untersucht. Es wurde hierbei festgestellt, daß zur Neutralisation von 500 g feuchter Masse 5,96 g Calciumcarbonat nötig waren. Der Kalkzusatz zu Heidehumus wurde ebenfalls gestaffelt, ein Teil der Gefäße erhielt 6 g, andere 9 und 12 g Calciumcarbonat. Die Ergebnisse der Nitrifikationsversuche sind in Tab. 3 am Ende der Arbeit zusammengestellt.

Die Nitrifikation der aus Zucker und Asparagin hergestellten Humusstoffe verlief nicht gleichmäßig. Eine Gesetzmäßigkeit zwischen dem Stickstoffgehalt der Melanoidine und der Nitratbildung kann nicht abgeleitet werden. Einmal mag diese Unregelmäßigkeit an den verschieden großen Stickstoffmengen liegen, die der Nitrifikation unterworfen wurden, andererseits nuß aber mit der Möglichkeit gerechnet werden, daß trotz der weitgehenden Reinigung durch Dialyse diese Humuspräparate von vorhandenem, chemisch nicht gebundenen Asparagin nicht völlig befreit worden sind. Diese restlose Reinigung ist durch die kolloide Natur der Humusstoffe und deren Adsorptions- und Absorptionskräfte sehr schwierig durchzuführen. Die natürlichen Humusstoffe aus Sickersaft und Humunit wurden in ähnlichem Umfange nitrifiziert. Erhöhter Kalkzusatz erwies sich in diesen Fällen bis zu einer gewissen Grenze deutlich fördernd. Weit geringer war die Salpeterbildung aus Kassler Braun und aus Heidehumus. In beiden Fällen handelt es sich um Humusstoffe, die schon in der freien Natur den Angriffen der Bakterien sehr lange Widerstand geleistet haben.

C. Zusammenfassung.

In den vorliegenden Untersuchungen sollte der Humifizierungsprozeß im Stalldünger, speziell in dem nach *H. Krantz* bereiteten heiß vergorenen Dünger betrachtet werden. Ausgehend von den Ermittlungen *Maillards* und *Kostytschews* war es möglich, den Humifizierungsprozeß im heißvergorenen Dünger zu charakterisieren und den mikrobiologisch höheren Wert dieses Düngers gegenüber dem gewöhnlichen Stallmist zu erklären.

Tabelle 3. *Ergebnisse der Nitrifikationsversuche.*

	Kalkzusatz	Parallele	In je 500 g Erde-Sandgemisches Humus aus								
			Asparagin = Zucker					Sickersaft	Humunit	Kassler Braun	Humoser Haidesand
			1:4 1 g	1:3 1 g	1:2,5 1 g	1:2 1 g	1:1 1 g	1 g	1 g	5 g	500 g
Gesamt-N %			5,80	6,38	7,86	8,40	8,80	3,35	1,88	0,59	0,18
mgN nitrifiziert in 500 g Humus-Erdgemisch (nach Abzug des Nitratstickstoffes im blinden Versuch)	0,3	a	—	—	—	—	—	0,78	1,52	—	—
		b	—	—	—	—	—	0,93	1,32	—	—
		c	—	—	—	—	—	0,33	—	—	—
		d	—	—	—	—	—	1,08	—	—	—
		Mittel	—	—	—	—	—	0,78	1,42	—	—
								±0,11			
	0,5	a	2,33	6,20	5,97	4,70	13,10	2,00	1,84	0,85	—
		b	1,91	6,00	5,37	3,97	12,20	2,10	1,64	0,90	—
		c	—	—	—	2,97	14,20	—	—	0,57	—
		d	—	—	—	4,17	14,90	—	—	0,78	—
		Mittel	2,12	6,10	5,67	3,95	13,60	2,05	1,74	0,77	—
						±0.24	±0,46			±0,05	
	1,0	a	4,20	7,40	14,80	—	—	3,80	2,44	—	—
		b	4,60	7,40	13,97	—	—	3,70	2,48	—	—
		Mittel	4,40	7,40	14,39	—	—	3,75	2,46	—	—
	1,5	a	4,20	6,60	—	—	—	2,40	3,04	—	—
		b	3,90	6,40	—	—	—	2,30	2,92	—	—
		Mittel	4,05	6,50	—	—	—	2,35	2,98	—	—
	6,0	a	—	—	—	—	—	—	—	—	8,30
		b	—	—	—	—	—	—	—	—	8,80
		c	—	—	—	—	—	—	—	—	8,20
		d	—	—	—	—	—	—	—	—	8,40
		Mittel	—	—	—	—	—	—	—	—	8,40
											±0,085
	9,0	a	—	—	—	—	—	—	—	—	12,60
		b	—	—	—	—	—	—	—	—	11,60
		c	—	—	—	—	—	—	—	—	10,40
		d	—	—	—	—	—	—	—	—	11,10
		Mittel	—	—	—	—	—	—	—	—	11,40
											±0,33
	12,0	a	—	—	—	—	—	—	—	—	10,60
		b	—	—	—	—	—	—	—	—	9,80
		c	—	—	—	—	—	—	—	—	9,80
		d	—	—	—	—	—	—	—	—	9,40
		Mittel	—	—	—	—	—	—	—	—	9,90
											±0,17
In % nitrifiziert im Mittel	0,3	—	—	—	—	—	—	2,3	7,5	—	—
	0,5	—	3,7	9,4	7,3	4,8	15,5	6,1	9,2	2,5	—
	1,0	—	7,6	11,6	18,0	—	—	11,3	13,1	—	—
	1,5	—	6,9	10,2	—	—	—	7,0	15,8	—	—
	6,0	—	—	—	—	—	—	—	—	—	0,9
	9,0	—	—	—	—	—	—	—	—	—	1,3
	12,0	—	—	—	—	—	—	—	—	—	1,1

Lebenslauf.

Ich, *Walter Sauerlandt*, wurde am 24. September 1899 zu Flurstedt, Kreis Weimar, als Sohn des Chemikers E. Sauerlandt geboren. Ich besuchte die Realgymnasien in Strausberg bei Berlin und in Apolda und bestand dort Ostern 1919 die Reifeprüfung. Nach zweijähriger Lehrzeit bei Herrn Rittergutspächter Drewenstedt, Buttelstedt bei Weimar, bestand ich die Lehrlingsprüfung vor dem Prüfungsausschuß der D. L. G. Von Ostern 1921 an studierte ich in Jena Landwirtschaft und Chemie, von Oktober 1925 an in Leipzig. Das Verbandsvorexamen bestand ich im März 1925, das Verbandshauptexamen im Juli 1926. Im Mai 1927 legte ich das Diplom-Vorexamen für Landwirte ab. Seit dem Wintersemester 1925/26 bis zum Wintersemester 1927/28 arbeitete ich in dem Institut für Bakteriologie und Bodenkunde der Universität Leipzig; vom Sommersemester 1928 ab studiere ich Landwirtschaft an der Technischen Hochschule Danzig.

Meine akademischen Lehrer waren die Herren Professoren: in Jena: Busch, Detmer, Eller, Gutbier †, Hirsch, Hüttig, Immendorff, Kaufmann, Knorr †, Linck, Plate, Renner, Schneider, Spangenberg, Wien, Winkelmann; in Leipzig: Bachmann, Hantzsch, Koßmat, Löhnis, Meisenheimer, Wo. Ostwald, Rassow, Rinne, Ruhland, Stobbe, Weigand, Wiener †, Zade.

An dieser Stelle sei mir auch gestattet, meinem hochverehrten Lehrer, Herrn Professor Dr. Löhnis, meinen verbindlichsten Dank für die Anregung zu dieser Arbeit und die wertvollen Ratschläge sowie für das mir jederzeit entgegengebrachte Wohlwollen auszusprechen. Den Herren Assistenten, Herrn Dr. Zipfel und Herrn Diplom-Landwirt Kertscher, die mir stets gerne mit Rat und Tat zur Seite standen, bin ich ebenfalls zu Dank verpflichtet.

GPSR Compliance

The European Union's (EU) General Product Safety Regulation (GPSR) is a set of rules that requires consumer products to be safe and our obligations to ensure this.

If you have any concerns about our products, you can contact us on ProductSafety@springernature.com

In case Publisher is established outside the EU, the EU authorized representative is:

Springer Nature Customer Service Center GmbH
Europaplatz 3
69115 Heidelberg, Germany

Batch number: 10682323

Printed by Printforce, the Netherlands